新农村建设丛书

农村用水管理与安全

主编　董洁　田伟君
副主编　朱永梅　齐磊　左欣

中国建筑工业出版社

图书在版编目（CIP）数据

农村用水管理与安全/董洁，田伟君主编．—北京：中国建筑工业出版社，2010
（新农村建设丛书）
ISBN 978-7-112-11743-7

Ⅰ．农… Ⅱ．①董…②田… Ⅲ．①农村给水 - 水资源管理②农村给水 - 安全技术 Ⅳ．S277.7

中国版本图书馆 CIP 数据核字（2010）第 010251 号

新农村建设丛书
农村用水管理与安全
主编 董洁 田伟君
副主编 朱永梅 齐磊 左欣

*

中国建筑工业出版社出版、发行（北京西郊百万庄）
各地新华书店、建筑书店经销
北京华艺制版公司制版
北京市彩桥印刷有限责任公司印刷

*

开本：850×1168 毫米 1/32 印张：7 3/8 字数：212 千字
2010 年 7 月第一版 2010 年 7 月第一次印刷
定价：17.00 元
ISBN 978-7-112-11743-7
(18979)

版权所有 翻印必究
如有印装质量问题，可寄本社退换
（邮政编码 100037）

本书从社会主义新农村建设角度，全面系统地介绍了农村用水安全与管理的技术与方法。主要内容包括用水管理的概念、用水管理的法律法规、农村供排水工程管理、水的综合利用与节约、农村水环境保护与污染治理、农村饮用水处理方法等。

本书在编写上注重内容的全面性和实用性，侧重实践应用，反映新技术、新知识。可作为农村供排水工程建设与管理参考用书。

* * *

责任编辑：刘　江
责任设计：赵明霞
责任校对：张　虹　兰曼利

《新农村建设丛书》委员会

顾问委员会

周干峙　中国科学院院士、中国工程院院士、原建设部副部长
山　仑　中国工程院院士、中国科学院水土保持研究所研究员
李兵弟　住房和城乡建设部村镇建设司司长
赵　晖　住房和城乡建设部村镇建设司副司长
董树亭　山东农业大学副校长、教授
明　矩　教育部科技司基础处处长
单卫东　国土资源部科技司处长
李　波　农业部科技司调研员
卢兵友　科技部中国农村技术开发中心星火与信息处副处长、研究员
党国英　中国社会科学院农村发展研究所研究员
冯长春　北京大学城市与环境学院教授
贾　磊　山东大学校长助理、教授
戴霞青　亚太建设科技信息研究院总工程师
Herbert kallmayer（郝伯特·卡尔迈耶）　德国巴伐利亚州内政部最高建设局原负责人、慕尼黑工业大学教授、山东农业大学客座教授

农村基层审稿员

曾维泉　四川省绵竹市玉泉镇龙兴村村主任
袁祥生　山东省青州市南张楼村村委主任
宋文静　山东省泰安市泰山区邱家店镇埠阳庄村大学生村官
吴补科　陕西省咸阳市杨凌农业高新产业示范区永安村村民
俞　祥　江苏省扬州市邗江区扬寿镇副镇长

王福臣　黑龙江省拜泉县富强镇公平村一组村民

丛书主编

徐学东　山东农业大学村镇建设工程技术研究中心主任、教授

丛书主审

高　潮　住房和城乡建设部村镇建设专家委员会委员、中国建筑设计研究院研究员

丛书编委会（按姓氏笔画为序）

丁晓欣	卫　琳	牛大刚	王忠波	东野光亮	白清俊
米庆华	刘福胜	李天科	李树枫	李道亮	张可文
张庆华	陈纪军	陆伟刚	宋学东	金兆森	庞清江
赵兴忠	赵法起	段绪胜	徐学东	高明秀	董　洁
董雪艳	温凤荣				

本丛书为"十一五"国家科技支撑计划重大项目"村镇空间规划与土地利用关键技术研究"研究成果之一（项目编号2006BAJ05A0712）

丛书序言

建设社会主义新农村是我国现代化进程中的重大历史任务。党的十六届五中全会对新农村建设提出了"生产发展、生活宽裕、乡风文明、村容整洁、管理民主"的总要求。这既是党中央新时期对农村工作的纲领性要求，也是新农村建设必须达到的基本目标。由此可见，社会主义新农村，是社会主义经济建设、政治建设、文化建设、社会建设和党的建设协调推进的新农村，也是繁荣、富裕、民主、文明、和谐的新农村。建设社会主义新农村，需要国家政策推动，政府规划引导和资金支持，更需要新农村建设主力军——广大农民和村镇干部、技术人员团结奋斗，扎实推进。他们所缺乏的也正是实用技术的支持。

由山东农业大学徐学东教授主持编写的《新农村建设丛书》是为新农村建设提供较全面支持的一套涵盖面广、实用性强，语言简练、图文并茂、通俗易懂的好书。非常适合当前新农村建设主力军的广大农民朋友、新农村建设第一线工作的农村技术人员、村镇干部和大学生村官阅读使用。

山东农业大学是一所具有百年历史的知名多科性大学，具有与农村建设相关的齐全的学科门类和较强的学科交叉优势。在为新农村建设服务的过程中，该校已形成一支由多专业专家教授组成，立足农村，服务农民，有较强责任感和科技服务能力的新农村建设研究团队。他们参与了多项"十一五"科技支撑计划课题与建设部课题的研究工作，为新农村建设作出了重要贡献。该丛书的出版非常及时，满足了农村多元化发展的需要。

住房和城乡建设部村镇建设司司长　李兵弟
2010年3月26日

·丛书前言·

建设社会主义新农村是党中央、国务院在新形势下为促进农村经济社会全面发展作出的重大战略部署。中央为社会主义新农村建设描绘了"生产发展、生活宽裕、乡风文明、村容整洁、管理民主"的美好蓝图。党的十七届三中全会，进一步提出了"资源节约型、环境友好型农业生态体系基本形成，农村人居和生态环境明显改善，可持续发展能力不断增强"的农村改革发展目标。中央为建设社会主义新农村创造了非常好的政策环境，但是在当前条件下，建设社会主义新农村，是一项非常艰巨的历史任务。农民和村镇干部长期工作在生产建设第一线，是新农村建设的主体，在新农村建设中他们需要系统、全面地了解和掌握各领域的技术知识，以把握好新农村建设的方向，科学、合理有序地搞好建设。

作为新闻出版总署"十一五"规划图书，《新农村建设丛书》正是适应这一需要，针对当前新农村建设中最实际、最关键、最迫切需要解决的问题，特地为具有初中以上文化程度的普通农民、农村技术人员、村镇干部和大学生村官编写的一套大型综合性、知识性、实用性、科普性读物。重点解决上述群体在生活和工作中急需了解的技术问题。本丛书编写的指导思想是：以倡导新型发展理念和健康生活方式为目标，以农村基础设施建设为主要内容，为新农村建设提供全方位的应用技术，有效地指导村镇人居环境的全面提升，引导农民把我国农村建设成为节约、环保、卫生、安全、富裕、舒适、文明、和谐的社会主义新农村。

本丛书由上百位专家教授在深入调查的基础上精心编写，每一分册侧重于新农村建设需求的一个方面，丛书力求深入浅出、语言简练、图文并茂。读者既可收集丛书全部，也可根据实际需求有针对性地选择阅读。

由于我们认识水平所限,丛书的内容安排不一定能完全满足基层的实际需要,缺点错误也在所难免,恳请读者朋友提出批评指正。您在新农村建设中遇到的其他技术问题,也可直接与我们中心联系(电话0538-8249908,E-mail:zgczjs@126.com),我们将组织相关专家尽力给予帮助。

山东农业大学村镇建设工程技术研究中心　徐学东
2010年3月26日

本书前言

农村饮水安全直接关系到农民的基本生存生活问题。农村饮水安全工程是建设社会主义新农村的一项重要工程,是关注民生、解除民忧、谋求民利的具体体现。农村饮水工程是农村经济社会发展的重要基础设施,是改善农民生活、提高农民健康水平、保障农村经济社会发展不可替代的基础设施。

我国淡水资源匮乏,人均占有量只有世界的1/3,且分布不均,南方多、北方少,东部多、西部少,山区多、平原少。小型分散供水工程的水源,抵御洪涝旱灾的能力很低,可靠性更差。

受季风气候的影响,我国降水时空分布不均、年际间变化大,无论北方还是南方,普遍存在冬干、春旱等季节性缺水问题。近10多年来,受气候变化的影响,降水量分布更加不均,西北、华北、东北的大部分地区,经常出现大旱或连续干旱,地下水位下降,许多泉水、溪水、河水断流,这对农村饮水水源影响极大,尤其是浅井枯干失效问题严重。

我国是一个多山丘的国家,国土总面积的70%为山丘区。山丘区的饮水问题具体表现为:南方深山区取水困难,浅山丘陵区季节性缺水严重;北方山丘区不仅取水困难,而且季节性缺水严重,甚至既找不到地表水也找不到地下水。随着工农业生产的发展、人口的增长,水资源供需矛盾日益突出。

我国又是一个农业大国,同时也是世界上人口最多的发展中国家,经济社会发展水平与世界上发达国家相比还有较大差距,特别是农村还比较落后。受自然和经济、社会等条件的制约,农村居民饮水困难和饮水安全问题长期存在。大多数农村供水投入不足,自来水普及率低。

由于农村城市化和工业化，农村用水紧张问题还会进一步加剧。另一方面，农村用水是我国用水量最大、最需要管理，而事实上又最缺乏管理的部分。用水效率低，还与农民的一些观念有关，在目前的利益机制下，在农民看来，节水不如多取水，因而，他更可能是多购买取水设施而不是使用节水设施。另外，粮食种植的地位下降，也导致农民节水动机减弱。

上述水资源问题，尤其水环境不断恶化、北方地区大范围地下水超采造成的地下水位下降，以及部分地区干旱加重的趋势，都对农村饮水带来新的不利影响。

本书以农村供排水现状及当前农村的水环境状况为中心，从工程和实际出发，阐述了农村供水、排水、节水、水环境保护、水处理方法及水的综合治理和管理，依据国家的法律法规，力求反映出新农村建设中水的利用和排放过程中的一系列实际问题，并提出相应的解决办法。

本书由山东农业大学董洁、中国海洋大学田伟君主编，其中第一章和第三章由董洁编写；第五章、第六章和第七章由田伟君编写；第八章由田伟君和左欣编写；第二章由朱永梅编写；第四章由齐磊编写。另外，参与本书编写和校对工作的还有山东农业大学的研究生王瑞年和邢友华。全书由董洁统稿。

我国各地农村情况千差万别，许多问题有待进一步总结与探索。水平有限，书中的错误和疏漏在所难免，恳请广大读者批评指正！

目 录

第一章 概述 ··· 1
第二章 农村供水工程管理 ·· 21
    第一节 农村供水工程面临的主要问题 ···················· 21
    第二节 农村给水特点和用水要求 ··························· 25
    第三节 农村给水系统组成和类型 ··························· 29
    第四节 农村供水安全工程管理 ······························ 41
第三章 水的综合利用与节约 ·· 53
    第一节 水的利用 ·· 53
    第二节 水源开发利用模式 ····································· 68
    第三节 水的节约 ·· 77
第四章 农村排水工程与管理 ·· 90
    第一节 概述 ··· 90
    第二节 农村排水设施 ·· 95
    第三节 运行维护管理 ·· 110
第五章 农村水环境与水污染 ·· 112
    第一节 农村水环境的基本概念 ······························ 112
    第二节 农村水污染的基本概念 ······························ 113
    第三节 水污染的危害 ·· 124
    第四节 水体的富营养化 ··· 125
    第五节 水的重金属污染 ··· 128
    第六节 农村水环境与水污染 ································· 133
    第七节 农村水污染防治对策 ································· 136
第六章 农村生活污水处理方法 ···································· 139
    第一节 污水处理的基本概念 ································· 139

第二节 污水中的主要污染物及指标……………… 143
  第三节 农村生活污水处理的基本要求……………… 147
  第四节 农村生活污水处理方法……………………… 148
第七章 农村水环境保护与污染治理………………… 159
  第一节 地表水体功能划分与保护标准……………… 159
  第二节 地表水水质指标……………………………… 162
  第三节 地下水功能划分与保护标准……………… 165
  第四节 截污控源技术………………………………… 168
  第五节 地表水污染的物理净化法…………………… 175
  第六节 地表水污染的生物净化法…………………… 181
  第七节 地表水环境的植物修复技术………………… 191
  第八节 地下水水源保护……………………………… 199
  第九节 地下水污染治理技术………………………… 204
第八章 农村饮用水处理方法………………………… 207
  第一节 农村生活供水现状…………………………… 207
  第二节 农村饮用水安全标准………………………… 208
  第三节 饮用水质量的简单鉴别方法………………… 210
  第四节 农村饮用水的简单处理方法………………… 213
问题索引……………………………………………… 217
参考文献……………………………………………… 221

第一章 概 述

一、农村用水管理的必要性

随着科技的进步和经济的发展，人类对水的需求也逐渐增多，并不可避免的产生水环境问题。洪涝灾害、干旱缺水、水环境恶化已成为制约经济发展的瓶颈要素。反思人类对水的开发利用行为，掠夺开采，粗放使用，管理不善，污水的不达标排放是造成和加剧缺水危机和环境恶化的重要因素。因而，加强用水管理，提高水的利用效率，保护水资源，实现水质与水量并重是农村用水管理的必然要求，也是促进水资源可持续利用与经济社会可持续发展相协调的战略与措施保障。

二、农村用水管理的概念

（一）什么是农村用水管理

农村用水管理是指运用法律、经济、行政等手段，对各地区、各部门、各用水单位和个人的供水数量、质量、次序和时间的管理活动。农村用水管理涉及农业用水、农民生活用水、牲畜用水、水力发电用水、渔业用水、娱乐用水、生态环境用水和水质净化用水等方面。

（二）农村用水管理的目的

1. 通过实行节约用水、合理用水提高用水效率。
2. 维护社会各方面合法权益，达到公平共享水资源。
3. 在保护生态环境的前提下，充分发挥有限水资源的综合利用效益。

（三）农村用水管理的内容

农村用水管理的内容包括：水的使用权合理分配和取水许可制度、用水和排水的计量监测、用水的统计、水的有偿使用和市场调节制度、超标准用水的处罚等内容。

三、农村缺水原因

(一) 资源匮乏

水资源作为自然资源的特性之一就是稀缺性。从经济学角度考虑稀缺性是指相对于人类的消费需求而言，适宜的水资源不能满足人类的不断增加的需求，其稀缺性表现出物质稀缺性和经济稀缺性。在我国许多地方，尤其是北方大部分地区，由于人口、工业、商贸经济、旅游娱乐等发展，需水超过了水资源及其环境的承载能力，表现出水资源的绝对数量有限，不能满足人类生产生活活动的需水要求，水资源缺乏表现为物质稀缺性；同时，在我国一些地方水资源绝对数量并不少，可以满足相当长时期的水资源需要，但由于获取水资源需要投入生产成本，而且在投入某一定数量生产成本条件下可获得的水资源是有限的，供不应求，需依靠较大的经济技术投入才能满足需水，因而从投入产出效益讲，这种情况下的稀缺性就表现为经济稀缺性。

水资源匮乏表现出的物质稀缺性与经济稀缺性的划分在一定条件下是可以相互转化的。某些地域水资源的绝对数量不能满足人们的需求时，虽表现出严格意义上的物质稀缺性，但是，如果通过工程与非工程措施，如采取跨流域调水、海水及苦碱水淡化、再生水利用，以及节水和强化管理等措施，以增加物质稀缺性缺水区的水资源可利用量和减少新水需求量，缓解或消除缺水，使物质稀缺性转变为经济稀缺性。而在某些地区水资源数量虽然不少，但是开发利用成本较高，如需修建一定的蓄供水工程、水质处理工程等，才能将水提供给用户，而这些都需要较大的资金、人力、物力的投入，受其影响和限制，在一定投入状况下获得的可供水量才能满足需水要求，造成有水用不上，使经济稀缺性转变为物质稀缺性。

认识水资源匮乏的物质稀缺性与经济稀缺性，在于把握它们的相对性和可转化性，通过人工作为可改变其物质稀缺性和经济稀缺性，但应控制在适宜的范围内，以水资源环境承载能力和经济、技术合理可行作为原则。同时，应注意到在一定条件下，物质稀缺性与经济稀缺性可能相互转化，使缺水问题不仅没能很好解决，还可能更趋复杂和恶化。

（二）污染严重

《中华人民共和国水污染防治法》对"水污染"的说明："水污染是指水体因某种物质的介入，而导致其化学、物理、生物或者放射性等方面特性的改变，从而影响水的有效利用，危害人体健康或者破坏生态环境，造成水质恶化的现象。"见图1-1。

摘自：image.baidu.comict　　　　摘自：www.xgrb.cn/

图1-1　农村水质恶化

水污染具有如下特征：

（1）水体在受到人类活动影响后，改变了水体的自然状态。

（2）水体受人类活动影响后，水质向恶化方向发展，超过了水体自净能力，而不能自然恢复。

(3) 水体受人类活动影响后，降低了水体的使用价值，或失去使用价值。

(4) 水体受人类活动影响后，破坏了水环境功能，恶化生态环境质量，威胁人类及其他生物健康，乃至生存。

所以，水污染是指由于人类活动排放的污染物或能量超过了水体自净能力，恶化水质，影响水体自然功能和用途，危害生态系统良性循环的现象。

污染型缺水就是指由于人类活动排放的污染物或能量造成的水污染使水资源失去使用价值而形成的缺水。由于人口急剧增多，经济建设快速发展，人流、物流等的加快，生活污水、工业废水等随着用水量的增加而剧增，并随着用水种类的多样化而日趋复杂，使得水环境恶化，水资源受到破坏，甚至失去利用价值，加剧了我国的缺水。我国水环境恶化已成为严重的自然和社会问题，水体水质总体上呈恶化趋势。2000年全国废污水排放量为 620×10^8 t（不包括火电直流冷却水），其中近80%未经处理排入江河湖库水域，造成近40%的河段水质达不到Ⅲ类地面水环境质量标准，90%城市水域环境污染严重，50%以上重点城镇水源地不符合饮用水质量标准。南方许多重要河流、湖泊污染严重，北方一些地区"有河皆干，有水皆污"。继1999年淮河、黄河中游受到严重污染，2000年淮河流域又发生多起水污染事故，汉江、太湖也不时发生严重水污染事件。2001年11月22日发生在苏浙边界因水污染引发的一场"生存与发展的抗争"（中国水利报，2002.1.29）令人触目惊心。水污染，水环境恶化已严重地影响我国水资源的可持续利用，威胁社会经济的可持续发展。

(三) 缺乏合格供水水质

这类缺水区主要分布在一些平原地区，由于当地地表水不足，地下水埋藏浅、水质欠佳；而能满足用水水质要求的地下水，一般又埋藏较深，属中深层承压水，储量有限，开采后补给极为困难，若大量开采，易引发诸多水文地质环境问题，形成缺乏合格供水水质型缺水。

实际上这类缺水也可划归为水资源匮乏型缺水区,它在水资源供需矛盾中反映在水资源质量不符合需水要求上。许多地方性疾病的存在与发生常与当地天然水质欠佳有着密切的关系。

在山东省的东营、德州、滨州、聊城等地市的许多地方的缺水,多是由当地水源水质欠佳引起的。

(四) 工程设施不完善

这类地区水资源条件相对丰富,尤其是地表水资源尚有较大的开发利用潜力,但由于水源开发工程不足,引起缺水,形成缺乏水源工程型缺水区,如重庆、武汉等地的缺水都属于此种类型;同样,由于供水配套设施建设不完备,自来水普及率较低,缺少输配水管网和水厂等,引起的缺水。全国这类缺水地区在20世纪90年代中期约占一半左右,其主要原因是在发展供水的同时,市政资金跟不上,企业也因资金问题难以进行大规模供水设施的更新改造,致使配水系统建设落后于水源供水能力建设。在农业灌溉工程建设中,输配水设施的建设滞后于蓄水工程建设,造成水利工程不能充分发挥效用,农业灌溉缺水。

(五) 浪费严重

这类地区具备一定的水源条件,并能基本满足用水需求,但由于用水浪费或调配不当而形成缺水。造成浪费型缺水的原因是多方面的,与人们的用水习惯和用水观念有着密切的关系,也与用水发展过程有关。在需水量不大,或需水量没有超过水资源可利用量的一定限度内,这类缺水原因引起的缺水表现得不是十分明显。

我国农业用水量近4000亿 m^3,占全部总用水量的70%,但是用水效率低。新中国成立以来,国家兴建了大量的蓄水、供水、配水设施,使农田灌溉面积由1949年底的2.4亿亩发展到目前的7.5亿亩。但灌溉水的利用率只有30%~40%,大水漫灌在一些地区随处可见，每年经水利工程引蓄的水量有一半以上是在输水、配水和田间灌水过程中被损失掉了。我国渠系衬砌率只有 1/4～1/3，每年渗漏损失的水量达到 1300 亿 m^3。而美国、以色列等国家灌溉水利用率可达 80% 以上。我国农业灌溉长期沿用旧的灌溉制度与方法，灌溉用水量超过农作物合理灌溉用水量的 0.5～1.5 倍以上，如果我国农业灌溉水利用率提高到 70%，则有 $1000 \times 10^8 \sim 1200 \times 10^8 m^3$ 的节水潜力。

我国各方面用水的节水潜力较大，是用水管理应加强的重要环节，也是解决水资源供需矛盾的重要途径。

四、农村用水存在的主要问题

（一）水资源开发过度，生态破坏严重

人口的增加，经济的发展，工农业生产与生活对水资源的需求逐年在增加。由此造成水资源的开发程度偏高，局部地区超过水资源的最大允许开发限度。伴随而至的生态与环境恶化愈发严重。由于单方面强调地表水渠系利用率，使山前冲洪积扇地区河流补给地下水量大为减少，造成下游河道干涸、沙化。

黄河拥有水资源总量 $728 \times 10^8 m^3$，自 20 世纪 70 年代初开始出现断流，在 1972～1996 年间，黄河共有 19 年发生断流，累计断流次数达 57 次，共 686 天。据有关部门不完全统计，这 25 年间因断流和供水不足造成的工农业直接损失达 268 亿元。黄河断流造成河口地区黄河三角洲生态环境恶化。黄河三角洲是《中国生态多样性保护行动计划》中确定的具有国际意义的湿地、水域生态系统和海洋海岸系统的重要保护区。黄河断流历时加长及其水沙来量减少，不仅影响该区域的农业发展，加大海潮侵袭和盐碱化，使三角洲的草甸植被向盐生植被退化，对草地生态极为不利，还有可能引起近海水域生物资源的衰减及种群结构的变化。过量、近乎掠夺性的开发形成断流而造成生态环境的恶化，在西北内陆河流域日趋严重。其主要

原因是河流出山少，导致山前平原地下水位呈区域性下降，溢出带泉水流量衰减。下游因地表水量少，只得抽取地下咸水灌溉，导致土地盐碱化；而超采地下水，水位下降过大，使得大面积植被死亡或衰退。

（二）地下水过量开采，环境地质问题突出

因地下水开采过于集中，在内陆地区引起地下水位持续下降、地面沉降，在滨海地区引起海水入侵等环境地质问题。

（1）区域地下水位持续下降，降落漏斗面积不断扩大。这一现象在华北平原较普遍，深层水水位以 3~5m/年的速率下降，天津、沧州、衡水、德州一带下降漏斗已连成一片，面积达 3.18 万 km^2。苏锡常地区区域降落漏斗面积已达 $3000km^2$，漏斗中心水位埋深 60~70m。

（2）泉水流量衰减或断流。在北方，由于在岩溶泉域内不合理开采地下水，造成一些名泉水流量衰减或断流，给城市建设和旅游景观带来不利影响。

（3）地面沉降。超量集中开采深层地下水造成水位大幅度下降后，多孔介质释水土层压密，导致了地面沉降，如北方的天津、北京、太原、沧州、邯郸、保定、衡水、德州、许昌等城市，南方的上海、常州、苏州、无锡、宁波、嘉兴、阜阳、南昌、湛江等 20 多个城市。地面沉降造成城市雨后地面积水、建筑物破坏等严重危害。

（4）由于超量开采地下水，造成水位大幅下降，地面失衡，在覆盖型岩溶水源地和矿区产生地面塌陷。据统计，河北、山东、辽宁、安徽、浙江、湖南、福建、云南、贵州等省 20 多个城市和地区不同程度地发生地面塌陷，人民生命财产和生产生活遭到极大破坏和损失。

（5）海水入侵。沿海城市和地区在滨海含水层中超量开采地下水，造成海水入侵含水层、地下水水质恶化及矿化度和氯离子浓度增加，如辽宁省大连市、锦西市，河北省秦皇岛市，山东省莱州湾、青岛市、烟台市，福建厦门市等地。海水入侵破坏了地下淡水资源，加剧了沿海地区水资源紧张的局面。

（三）水资源污染严重、水环境日益恶化

全国污废水年排放量 370 多亿 m^3，约 85% 未经处理，直接排入江河或渗入地下，使流经城市的河流两岸受到污染，72% 的纳污河流各项污染物平均值不同程度超标。近年来，随着乡镇企业的急速发展以及农业施用化肥的大量增加，除城市附近的点污染外，农业区面源污染日趋严重。据不完全统计，我国有机氯农药 86.23 万 t，有机磷农药 24.26 万 t，平均使用 10.8kg/公顷（hm^2）。灌水与降水等淋溶作用造成地下水大面积受农药与化肥污染。另外，我国有污水灌溉农田近 133 万 hm^2，其中以城市为中心形成的污灌区就有 30 多个，在农作物生长季节的污灌量相当于全国污水排放总量的 20%。这在缓和水资源紧张、扩大农业肥源和净化城市污水方面起了积极的作用。但是农业灌溉污水大部分未经处理，约有 70%~80% 的污水不符合农灌水质要求，而且多数是生活污水和工业废水的混合水，其成分复杂，含有大量的有毒有害的有机物和重金属。每年由于灌溉渗漏的大量污水，直接造成污染地下水，使污灌区 75% 左右的地下水遭受污染。

此外，乡镇企业生活污水和工业废水的大量排放，构成了水体的另一个重要污染源。大多乡镇企业生产工艺比较落后、规模小、发展快、数量多、分散且排污量大、浪费资源严重，污水处理设施很不完善，造成局部水域严重污染。

据对全国七大江河和内陆河的 110 个重点河段的水质监测结果的统计表明，符合《地面水环境质量标准》1、2 类的河段仅占 32%，3 类水质的河段占 29%，属于 4、5 类的占 39%。全国有 1.7 亿人饮用受到污染的水。全国约 90% 的城市水环境恶化，附近河流或河段已成为名符其实的排污沟，直接影响农用水源。地表水源污染严重，地下水水质状况很不乐观。97.5% 的城市地下水受到不同程度的污染，近 90% 的城市的饮用水源的水质不符合国家饮用水标准。地下水源

污染的状况十分严峻。

（四）水资源开发利用缺乏统筹规划和有效管理

目前，对地下水与地表水、上游与下游、城市工业用水与农业灌溉用水、城市和工业规划布局及水资源条件等尚缺乏合理综合规划。地下水开发利用的监督管理工作薄弱，地下水和地质环境监测系统不健全。

上述分析表明，目前制约我国水资源开发利用的关键问题是水资源短缺、供需矛盾突出、水污染严重。其主要原因是管理不善，造成水质恶化速度加快。统计表明，近60%~70%的水资源短缺与水污染有关。水质型缺水问题严重困扰着水资源的充分有效利用。因此，用水管理的关键在于水资源数量与质量的正确评价，供需平衡的合理分析，水资源开发利用工程的合理布局、节水技术与措施的有效实施，实现防止、控制和治理水污染，缓解水资源短缺的压力，实现水资源的有效保护、持续利用和良性循环。

五、农村用水管理的相关法律政策

依法治水是我国的一贯方针。1988年《中华人民共和国水法》颁布以后，又相继颁布了一系列规范水事活动的法律、行政法规、规章和地方性法规，初步形成了较为完备的水法律、法规及水管理政策体系，标志着我国水资源开发利用和保护管理纳入法制轨道，对规范、保障和促进水利事业的发展，起到了重要作用。依法治水、依法管水取得了显著成效。

（一）《水法》

《中华人民共和国水法》（以下简称《水法》）于1988年1月21日第六届全国人民代表大会常务委员会第二十四次会议通过，自1988年7月1日起施行，是我国第一部水的根本大法。新修订的《水法》于2002年8月29日第九届全国人民代表大会常务委员会第二十九次会议通过，2002年10月1日起施行。除宪法外，《水法》在水事法律体系中占有核心地位，是水事基本法律，是其他水事法律规范的立法依据。

《水法》用法律形式来协调和规范水资源综合开发利用和保护、江河治理、防治水害等各项活动，是调整与水有关的各项社会经济活动和关系方面的基本法。

《水法》包括总则，水资源规划，水资源开发利用，水资源、水域和水工程的保护，水资源配置和节约使用，水事纠纷处理与执法监督检查，法律责任，附则等共八章八十二条。

《水法》将计划用水规定为用水管理的基本制度，明确要求制定水的长期供求计划；规定各级人民政府应采取各种措施，加强节约用水管理。为了做到合理用水、解决供求矛盾，规定调蓄径流和分配水量，应当兼顾上下游和左右岸用水、航运、竹木流放、渔业和保护生态环境的要求，凡涉及跨行政区域的、关系重大的水量分配方案，由上一级人民政府水行政主管部门征求地方人民政府的意见后制定，并规定了解决水事纠纷的原则和程序。

实行取水许可制度，是国外已经广泛推行的水管理的基本制度。《水法》规定国家对直接从江河、湖泊或者地下取用水资源的单位和个人，实行取水许可制度。

《水法》规定各单位应当加强水污染防治工作，保护和改善水质。各级人民政府应当依照水污染防治的规定，加强对水污染防治的监督管理。

水费和水资源费是运用经济规律和经济杠杆保证水工程的维护和正常运行。水资源属国家所有、全民所有，实行有偿使用，是促进合理用水、节约用水的行之有效的办法，在许多地方施行后，取得了显著效果。

（二）水污染防治法及规章

1.《中华人民共和国水污染防治法》

《中华人民共和国水污染防治法》，是1996年5月15日第八届全国人民代表大会常务委员会第十九次会通过的《关于修改<中华人民共和国水污染防治法>决定》修订并重新公布的。

其主要内容包括：总则、水环境质量标准和污染排放标准的制定、水污染防治的监督管理、防止地表水污染、防止地下水污染、法律责任、附则共七章。

《水污染防治法》规定国务院环境保护部门制定国家水环境质量标准；防治水污染应当按流域或者按区域进行统一规划，并对水污染防治规划的制定、水质标准的制定，水质的监测及跨行政区水污染纠纷的处理等四个方面，做出了法律规定；重申了建设项目中防治水污染设施建设的"三同时"原则；实行排污登记制度，对于直接或间接向水体排放污染物的企业事业单位，应当按照国务院环境保护部门的规定，向所在地的环境保护部门申报登记，接受监督管理；规定实行排污收费和超标排污收费制度，作为控制水污染的经济手段；规定城市污水应集中处理，建立了有关城市污水处理设施的建设和污水处理收费及管理的制度；明确了工业水污染防治要突出"清洁生产"，规定企业应当采用原材料利用效率高、污染排放量少的清洁生产工艺及国家对严重污染水环境的落后工艺和落后的设备实行淘汰制度；规定加强生活饮用水源地的保护，应依法制定生活饮用水源保护区，并实行严格的监督管理；对为防止地表水、地下水的污染做出了严格的各项规定等。对发生违反水污染防止法的任何行为所应承担的责任，均作了明确的法律规定。

2. 水污染防治及各项用水水质要求的重要规章

国务院环境保护主管部门和水行政主管部门、国家质量技术监督局，在水污染防治及对国民经济建设用水和环境水质要求等做出的规定，也是用水管理的重要依据。

《中华人民共和国水污染防治法实施细则》于1989年7月12日由国务院批准，国家环境保护局发布。目前还没有根据新修正的《中华人民共和国水污染防治法》的实施细则。有关重要规章有：《污水综合排放标准》GB 8978—1996；《地表水环境质量标准》GHZB 1—1999；《地下水质量标准》GB/T 14848—93；《地

11

表水资源质量标准》SL 63—94；《生活饮用水卫生标准》GB 5749—2006；《生活饮用水水质标准》CJ 3020—93；《农用灌溉水质标准》GB 5084—92；《渔业水质标准》GBll 607—89。

（三）《城市节约用水管理规定》

《城市节约用水管理规定》于1988年11月30日由国务院批准，1988年12月20日建设部发布，1989年1月1日起施行，共24条。规定包括：城市实行计划用水和节约用水；国家鼓励城市节约用水科学技术研究；各级人民政府城市建设行政主管部门主管城市节约用水工作；城市人民政府应当在制定城市供水发展规划的同时，制定节约用水发展规划，并根据节约用水发展规划制定节约用水年度计划。

该规定的目的是为加强城市节约用水管理，以保护和合理利用水资源，促进国民经济和社会发展，同样适用于农村。

随着水资源统一管理国家政策的实施，国务院明确规定国务院水行政主管部门负责全国计划节约用水管理工作，以适应社会发展对水资源管理体制改革的需要，保证用水、节水与水资源管理的系统性和可靠性。

（四）其他用水相关管理法规

其他用水相关管理法规有：

《城市供水条例》，1994年7月19日国务院第158号令发布，1994年10月1日起施行；

《水利工程水费核定、计收和管理办法》，1985年7月22日国务院发布施行；

《城市供水价格管理办法》，计价格〔1998〕1810号；

《水利旅游区管理办法（试行）》，1997年8月31日水利部颁布施行；

《灌区管理暂行办法》，1991年11月7日水利部颁布施行；

《乡镇供水水价核定原则（试行）》，1991年11月28日水利部颁布试行；

《占用农业灌溉水源、灌排工程设施补偿办法》，1995年11

月13日由水利部、财政部、国家计委联合颁布施行；

《水利工程供水生产成本、费用核算管理规定》，1995年6月16日水利部制定施行。

全国各流域水行政主管部门和各级地方水行政主管部门，以及城市计划节约用水管理部门，根据国家用水管理政策，《水法》及各项水管理法规，结合本地水资源状况，社会经济建设与发展时用水的需求，制定了大量促进计划合理用水、节约用水、保护水资源环境的管理办法，对促进社会经济发展、维护水环境良性循环，发挥了重要的、积极的作用。

六、农村用水管理制度和组织体制

用水与节水管理的基本制度，是国家为加强计划用水、合理用水、厉行节约用水，通过立法形式所制定的有关政策法令和基本原则。它是一切用水和用水管理活动必须遵循的基本规程。它通过实行计划用水、用水许可制度、征收水资源和水费等措施，来调整水行政管理部门与用水地区、部门、单位和个人之间的行政法律关系，以及权利和义务关系，并对用水者的用水行为和用水管理者的管理行为进行法律规范。以下仅介绍我国现行《水法》规定的主要用水管理基本制度：计划用水制度、取水许可制度和用水管理的经济制度。

（一）计划用水管理制度

1. 制定计划用水管理制度的必要性

我国《水法》将计划用水规定为用水管理的基本制度。计划是从事任何管理工作的重要职能，用水管理的目标和各项工作任务都需要通过计划用水的管理来给以实现。从水资源的合理开发利用来讲，任何地区可能恢复的水资源量都是有限的，若无计划地滥用河川径流，则会引起河流下游断流、湖泊干涸、河流自净及输沙能力降低、生态环境遭受破坏。因此，无论是从环境承受能力、经济效益，还是调节用水关系、减少供求矛盾、保障各方面对水资源日益增长的要求等考虑，都必须实行计划用水。它也是用水管理的核心，是实行其他各项用水管理制度的前提。

2. 计划用水管理制度的含义

计划用水制度是指有关用水计划的编制，审批程序，计划的原则、内容和要求，以及计划的执行和监督等方面的系统的规定。其目的是通过科学合理地分配水资源、有效地控制用水、节约用水、减少用水矛盾，提高水资源的利用效率，并切实保护水资源，促进水资源的良性循环，以适应日益发展的社会、经济对用水的需求。所以，我国《水法》把实行计划用水管理作为一项基本制度。

3. 制定计划用水管理制度的依据

《水法》规定，实行计划用水必须结合当地情况编制水中长期供求计划。水长期供求计划是指导性计划，它以国民经济和社会发展及国土规划为依据，在水资源评价成果的基础上，遵循供需协调及平衡的原则，为平衡地区开创长期稳定的供求条件，以适应经济发展和人民生活的需要。水长期供求计划要从宏观上弄清水资源开发、利用和保护、管理方面及今后应遵循的基本方向，拟定水源地和供水设施建设、水的合理使用和调配方面的指导性、综合性对策与现实可行的措施。它是实施计划用水的基础，是用水管理部门审批用水权、各单位用水计划的主要依据之一。

4. 建议办法

一个区域内，用水的行业、部门和单位较多，用水种类复杂，用水量和性质差别都较大，实行全面的计划用水，用水管理部门应在水资源统筹规划和水长期供求计划的基础上，按照各行业、部门和单位的用水量及其特点，在满足人民生活用水的前提下，制定出区域的总体用水计划，并分解下达给用水户。

各用水户必须严格执行用水计划，其措施主要是科学的定量考核和用水指标分解下放。

综上所述，在某一区域贯彻落实计划用水制度的核心环节是计划用水。首先应制定区域的水长期供求计划，摸清用水户用水状况，在此基础上制定出区域的用水计划。为深入地贯彻落实计划用水，各用水户应制定出相应的用水计划实施方案和细则，并明确用水者的责任。对此，水行政主管部门要做定期的考核评价并归档统计。

（二）用水管理的经济制度

用水管理过程中的经济措施，主要是对取用水户征收水资源费和水费，用于调整国家与供水单位、用水单位的权利和利益关系。水资源费和水费是两种性质完全不同的费用，与两种费用有关的政策、征收标准、使用、管理等所构成的经济制度是不同的，各自相对独立自成体系，从而形成了关于水资源开发利用和保护的用水经济管理制度。它是全面贯彻实施依法管水的重要措施。

1. 水资源费

《水法》在水资源配置和节约使用一章中规定："直接从江河、湖泊或者地下取用水资源的单位和个人，应当按照国取水许可制度和水资源有偿使用的规定，向水行政主管部门或者流域管理机构申请领取取水许可证，并缴纳水资源费，取得取水权。但是，家庭生活和零星散养、圈养畜禽饮用等少量取水的除外。"截至1996年底，全国出台征收水资源费管理办法的省（区）已达到20个，征收水资源费的县（市、区）达到1800多个，征收额由1993年的4亿元增加到1996年的6亿多元。山东省1997年共征收水资源费2.53亿元，其中淄博市征收水资源费1.33亿元。

2. 水费

实行用水收取水费的管理制度，是指凡使用供水单位供水的单位或个人，必须依法按照规定的收费标准、方法、数量、时间等，向供水单位缴纳水费。它反映的是商品水的使用和交换价值。对此，《水法》明确指出："当前我国水费的构成是供水成本和部分利润，即有固定资产的折旧费、大修费、运行管理费、合法利润等部分"，以充分发挥水利工程设施的经济效能。因此，征收的水费主要用于维持供水工程设施的再生产能力，并上缴部分利润。

关于制定征收水费标准的原则，应在核算供水成本的基础上，依据国家的经济政策和当地水资源状况，对各类用水分别核定。国务院1985年7月22日发布的《水利工程水费核订、计收和管理办法》规定了核定水费标准的原则为：工业水费对于消耗水，按照供水部分全部投资（包括农民投劳折资）计算的供水成本加供水投资4%~6%的盈余核定水费标准，水资源短缺的地区可略高于以上标准；贯流水（用后进入供水系统，水质符合标准并结合用于灌溉或其他兴利的）和循环水（用后返回水库内，水质符合标准的），按采用贯流水、循环水后所产生的经济效益由供水单位和用水户分享的原则，核定水费标准。同时对城市生活用水水费，由水利工程提供城市自来水厂水源并用于居民生活的水费，一般按供水成本略加盈余核定，其标准可低于工业水费，并对其他行业及不同用途的用水，核定水费标准都作了限定。

从上述分析可以看出，对用水户采用自备水源工程取水的，应向水行政主管部门交水资源费；对集中供水的用户，征收的水费应包括水资源费和体现商品水使用价值与交换价值的水费，其中的水资源费，无论采取何种方式，都应上交水行政主管部门。

3. 建立合理的水费价格体系

水费价格长期存在偏低问题，应根据水的价值和当前供水紧张的局面，充分利用价格，体现水的资源价值和商品水价值，并对水的开发利用、分配进行调节控制。这对节水意识的形成，对节水制度的实施、节水项目的建设以及城镇供水事业的发展，都会产生积极的作用。因此在核定水价时，要充分利用价格的杠杆作用，建立合理的水价体系。合理水价体系的建立重点是：

(1) 用水超计划的应实行累进收费。

(2) 按不同用途确定水价。在区别不同用水性质基础上确定水价。如工业用水价格高于公共用水价格，而公共用水价格可高于居民用水价格，这样做有利于整个城市合理用水。据对山东省济南、青岛等16个城市的调研，现行水价的比例关系为：居民水价：行业事业单位水价：服务业水价：建筑业及特殊行业水价＝1：1.26：1.38：1.78：2.16，加权平均水价相当于居民水价的1.3倍。

(3) 按季节浮动价格。这样可用经济杠杆缓解城市用水高峰，充分发挥供水设施的作用。

(4) 实行供排水设施有偿使用。当城市供水设施不足，而用水单位因自身发展需增加用水指标时，可收取用水指标增容费，用于扩建新的供水工程。同样，排水设施的建设也要逐步实行有偿使用，这样做也可起到控制用水剧增、解决供需矛盾、保障排水和水处理设施的有效维护与运行的效果。

通过水资源费和水费的征收，运用经济规律和经济杠杆，保证水资源的合理开发利用和良性循环，保障水利工程的维护和正常运行，促进合理用水和节约用水，并充分利用这一措施把管水、供水、用水三者的利益紧密联系起来，这是在实践中证明行之有效的方法。经过实践，许多地方都制定了对企业和生活利用自备水工程取水的征收水资源费，由供水工程供水的收取水费，再由供水单位向水行政管理部门集中上缴水资源费的基本制度。并对节水实行奖励，建立相适应的节水基金，超计划用水实行累进加价收费的一系列管理办法。这也为水资源的开发和保护及节水技术改造，筹集了部分资金。更重要的是促进用水单位本身千方百计想办法上项目，实现节水技术改造目标。

(三) 用水管理的组织体制

用水管理的组织体制是指国家机关、企业和事业单位机构设置和管理权限划分的制度。对用水管理来讲，用水管理组织体制一般是指为实现用水管理目标，以国家用水管理政策、法律法规和经济、技术要求等为规范，而建立的拥有相应管理权力和职责的用水管理机构。

1. 管理机构

由于用水是水资源系统的有机组成部分，它应归属于水资源管理系统；加之，对用水的管理，既有对取得用水权的管理，又有对使用用水行为的管理之分，为促使合理高效用水，对前者的管理应属于资源合理配置的产权管理，后者属于事业管理与产业管理，国家水行政主管部门对其行为实施指导、监督管理，并通过法规、产业政策、经济技术规范等规定用水户的用水行为。用水户为了获得用水的效益，为了保障生产、生活活动的稳定持续发展，为了国有资源的高效合理利用，也会实施相应的管理。

按照《水法》的规定，"国家对水资源实行流域管理与行政区域管理相结合的管理体制。国务院水行政主管部门负责全国水资源的统一管理和监督工作。国务院水行政主管部门在国家确定的重要江河、湖泊设立的流域管理机构（以下简称流域管理机构），在所管辖的范围内行使法律、行政法规规定的和国务院水行政主管部门授予的水资源管理和监督职责。县级以上地方人民政府水行政主管部门按照规定的权限，负责本行政区域内水资源的统一管理和监督工作。国务院有关部门按照职责分工，负责水资源开发、利用、节约和保护的有关工作。县级以上地方人民政府有关部门按照职责分工，负责本行政区域内水资源开发、利用、节约和保护的有关工作。"各级人民政府均规定了水利部门为水行政主管部门。在第九届全国人民代表大会第一次会议批准的国务院机构改革方案和《国务院关于机构设置的通知》（国发[1998]5号），设置水利部，水利部是主管水行政的国务院组成部门。

所以，与世界其他国家一样，在我国没有专门设置用水管理机构，而是将其作为一项管理内容包含于整个水资源管理工作之中，并作为水行政主管部门的一项管理职责。因此，我国的用水管理机构的职责是纳入在各级水行政主管部门内的，而不单独设立用水管理机构。这样既符合水的自然规律，又能使对水的各项管理活动有机联系起来，不仅能有利于提高整个水资源系统的开发利用效率和效益，又能保证对整个系统各环节的管理处于系统协调状态。对社会各用水部门来讲，能克服政出多门，多头管理的弊端，符合一般管理原则。

但是，我们也应看到，由于历史的原因，对用水的管理，目前在许多地方和部门，还存在与整个水资源管理相分割的情况，尤其对城市的用水管理。据对全国 640 座城市的统计，有 85% 以上的城市设有城市节约用水办公室，50% 的县城设有节水机构。它们的存在与职责，可运用国家关于水管理的体制所包含的管理权限的划分来处理，以与整个水资源管理相协调、相统一。

2. 管理权限

用水管理权限的划分，应根据《水法》和国务院关于机构设置的职能配置来确定，以保证用水管理工作高效有序展开，提高管理绩效。

《水法》规定："国家对水资源实行流域管理与行政区域管理相结合的管理体制。国务院水行政主管部门负责全国水资源的统一管理和监督工作。""国务院有关部门按照职责分工，负责水资源开发、利用、节约和保护的有关工作。"

《水法》规定："开发利用水资源，应当首先满足城市居民生活用水，并兼顾农业、工业、生态环境用水以及航运等需要。""在水源不足地区，应当对城市规模和建设耗水量大的工业、农业和服务业项目加以限制。"

《水法》在水资源配置和节约使用一章中，对水长期供求计划的制定、调蓄径流和分配水量、取水许可制度的实行、征收水费和水资源费、水事纠纷的处理，都作了基本的法律规定。

《国务院关于机构设置的通知》(国发(1998)5号)中涉及水行政主管部门管理水资源的职能有：

在"职能调整"部分规定，"划入的职能：①原地质矿产部承担的地下水行政管理职能，交给水利部承担。开采矿泉水、地热水、只办理取水许可证，不再办理采矿许可证。②原由建设部承担的指导城市防洪职能、城市规划区地下水资源的管理保护职能，交给水利部承担。""转变的职能：水利部门负责拟定节约用水政策、编制节约用水规划，制定有关标准，指导全国节约用水工作。建设部门负责指导城市采水和管网输水、用户用水中的节约用水工作，并接受水利部门的监督。"

第二章 农村供水工程管理

农村供水工程是农民抗御自然灾害，改善农业生产、农民生活、农村生态环境条件的基础设施，是促进农业增产、农民增收的物质保障条件。农村供水工程与农村道路、农村供电等同属农村公共工程，是农业和农村社会化服务体系的组成部分，具有较强的基础性、公益性。因此，加速发展农村饮水和乡镇供水工作是关系到农村社会经济发展、提高农村人口素质、稳定农村社会的大问题，是促进农业现代化建设的重要内容之一。

第一节 农村供水工程面临的主要问题

我国现有4.5万个乡镇，大多数乡镇是当地的政治、经济和文化中心，是小城镇建设的重点。改革开放以来，我国乡镇企业一直是以较快的速度增长，但目前约有一半的乡镇供水不足，影响了当地经济和社会发展及小城镇建设的进程，主要存在以下几个方面的问题：

一、农村饮水与乡镇供水建设严重滞后于当地的经济发展水平

"十五"末，我国农村年平均人均总收入已超过3000元，农民以人均纯收入年均增长5%的发展速度向小康迈进。全国农村有95%以上的行政村通了公路，80%以上的乡镇设有邮电局、所，90%以上的行政村通了电话，95%以上的行政村通了电。目前农村的吃、住、电力、交通普遍得到改善而且在进一步改善、（全国农村农户财产和生活设施拥有情况见表2-1），而与农民生活质量密切相关的家庭生活用水发展和改善速度较慢，相对滞后。

全国农村农户财产和生活设施拥有情况　　　表 2-1

指　　标	2004 年	2003 年
人均住房面积（m²）	27.9	27.2
住房为钢筋混凝土和砖木结构的农户比重（%）	26.6	25.2
住房外有硬质路面配套的农户比重（%）	49.6	
有厕所的农户比重（%）	89.9	89.5
有取暖设施的农户比重（%）	41.5	40.1
累积粪便无公害化处理率（%）		55.3
使用液化气和电力燃料的农户比重（%）	10.6	8.9
有自来水的农户比重（%）	34.6	32.6
每百户彩色电视机拥有量（台）	75.1	67.8
每百户电话拥有量（部）	89.2	72.8
每百户洗衣机拥有量（台）	37.3	34.3
每百户电冰箱拥有量（台）	17.8	15.9
每百户摩托车拥有量（辆）	36.2	31.8

数据来源：中华人民共和国统计局统计数据。

二、地区之间差距过大

在地域分布上，东南沿海是我国经济最发达的地区，农村水利基础条件较好，自来水普及率达到了 53%，农村的饮水基本得到了保障。但在中西部地区尤其是西部的"老、少、边、穷"地区仍存在着比较严重的饮水困难问题。即使在同一地区，城市周边和经济较发达的地方与广大农村的差距也十分巨大。

三、水厂建设资金严重短缺

水厂建设一次性投入较大，尤其是乡村标准水厂投资需数百万元以上。水厂建设的资金筹措困难，市场化运作难以实现，受益村经济薄弱，集资困难，供水工程难以上马，已上马工程也难以为继。

四、缺乏有效的政策支持

自来水作为农村重要基础设施之一，尚缺乏有效的政策支持。我国约70%的农村人口发展农村供水，一直缺乏有力支持。

五、供水水价偏低

水价不到位的现象普遍存在。目前，我国乡镇所在地已建成并投入运行的集中供水工程中，保本微利的、仅达到成本的和达不到成本的约各占1/3，村级供水工程的水价更低，使工程的正常维修和更新改造难以保证，不仅影响了供水的经济效益，也不利于供水条件的改善和服务水平的提高。

六、经营管理粗放，模式单一

主要表现为一些工程仍在沿用计划经济体制下的管理模式，管理意识淡薄，管理方式和管理手段落后，管理规章制度不完善。

七、已建成的村级供水工程存在不足

（1）现有工程的建设标准低，多数只解决水源问题，用水方便程度和保证率都较低。

农村供水除人畜饮水困难国家积极支持解决外，基本处于一种自然发展的状态，缺少科学规划和有效管理，水资源的开采利用不合理，工程标准低和工程利用率低，用水方便程度和保证率低。

（2）源水输水管道破损，水资源浪费严重。

一些以水库为水源的水厂，水库源水通过明装混凝土管道输送到清水池，混凝土输水管经过几十年的使用已经被严重腐蚀，管壁明显变薄，管道接口处产生明显的渗水现象。管道老化导致渗水，不仅浪费水资源，更可能因雨水通过管道裂缝渗入管道导致管网内水质恶化,引发供水事故。

(3)运行管理落后。

一些村的现状自来水,为重力供水形式。各用户自来水进户前基本上没有计量水表,村里无专门管网维修和保养人员,管网建设无统一规划,管网控制阀设置不合理,干管新开口多,管径分配不合理,由于管理落后和水量的不稳定性,自来水的正常供应经常得不到保证。同时因用户不按用水量缴纳水费,水资源浪费现象严重,自来水经营无法按市场规律运作,制约了社会经济的发展。

(4)管材质量差、管网损坏老化严重。

原来的自来水管道基本上是PVC管及镀锌管,管网经过长时间的使用,又缺乏有效合理的维护,管网已经严重老化。PVC管过度老化变硬、变脆,接口渗漏现象严重,爆管事故增多,且氯乙烯也会污染水质;镀锌管则因氧化和原电池作用严重腐蚀,管壁变薄甚至穿孔,渗漏严重,见图2-1。经过多年的应用实践,PVC管及镀锌管因为自身无法克服的缺陷,均已被国家禁止使用于新建的给水工程,取而代之以钢塑复合管、PPR管、PE管等多种新型环保型管材。

图2-1　管道老化失修,渗漏严重
摘自:httpimage.baidu.comict

(5)管网管径偏小、压力低、消防无法保证。

现在的自来水管道管径普遍偏小,主管道管径基本上在DN100以下,有的甚至在DN80以下,配水管管径则更是小而长。镀锌管还会因管内锈蚀使过水断面大幅度缩小,在相当程度上降低了管道过水能力。小口径的管道过长也会使管道内的水头损失增大而影响过水能力,同时为了节约运行费用,清水池的高程也不高,能提供的水压就低,当发生火灾时,消火栓常因无法提供足够的水压而成为摆设。

(6) 缺乏排水设施，卫生条件差。

随着我国农村饮水和乡镇供水的持续发展，农村、乡镇居民生活用水量不断增加，其直接的负面影响是家庭废污水的增加。但目前在全国的小城镇和广大农村的居住区缺乏排水设施，更谈不上污水的处理和利用，严重影响人类住区的可持续发展。见图2-2。

(a)

(b)

图2-2 农村缺乏排水设施、卫生条件很差

第二节 农村给水特点和用水要求

一、农村给水特点

我国农村的给水事业，由于经济条件和历史条件的限制，大体可分为四个阶段：

20世纪50年代提倡打井，改良井水，引山泉水；

20世纪60年代继续改良水井，并提倡地面水过滤，设集中给水龙头；

20世纪70年代提倡手压机井，有条件的地方建造简易自来水工程，设给水站供水；

20世纪80年代及以后进一步提高与完善自来水供水到户。

经济条件和历史条件决定了农村给水具有以下特点：

(1) 在经济不发达地区，乡镇供水以提供生活饮用水为主，同时包括牲畜和必要的庭院作物、农田播种所需要的水量。

(2) 农村供水用水点多且分散，尤其在山丘地区更为分散，甚至采用一家一户的供水方式。

(3) 乡镇供水大多数是单厂水、单水源、单电源的供水系统，水压要求较低。

(4) 用水时间比较集中，时变化系数大。以提供生活饮用水为主的小型供水工程，对其不间断供水的要求程度较低，并非全天候供水。

(5) 专业技术力量薄弱。

二、农村给水应考虑的几个问题

针对农村供水的特点，农村给水系统应考虑以下几点：

(1) 由于农村的经济条件限制，用水点分散，连续供水要求程度低等因素决定了农村供水工程中的输配水管系一般皆为树枝状，见图2-3；当经济条件尚不允许送水到户时，可先采用集中供水栓定点供水方式。见图2-4。

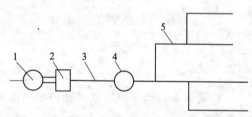

图2-3 树枝状输配水管系

1—井；2—泵房；3—输水管道；4—水塔或高位水池；5—配水管网

(2) 鉴于用水规律基本一致，加之电力供应紧张的因素，自来水厂一般多采取间断工作，水厂停产时，由水塔和压力水罐供水，水量调节构筑物的适应能力应相对较大，水厂可少考虑或不考虑备用设备。

(3) 给水系统应尽可能采用当地建筑材料修建，应大力推广新型环保管材。

图 2-4 集中供水栓供水

（4）在缺水地区，钻凿深井投资较大，一般可将生活给水和农业灌溉结合起来，这样既可以从当地水利部门获得投资，缓解资金不足的矛盾，又可获得较大的饮水卫生效益。

三、农村给水用户分类及安全饮水评价

（一）农村给水用户分类及要求

农村给水系统的用户一般有：农村居住区、乡镇企业与副业、公共建筑等。

1. 村镇居民生活用水

村镇居民生活用水是指维持日常生活的家庭个人用水，包括饮用、洗涤、冲洗便器等室内用水和居民区浇洒道路、冲洗、绿化等室外用水。其水质应符合生活饮用水的水质标准。

2. 牲畜用水

指农家饲养的大牲畜（牛、马、驴和骡）和小牲畜（猪、羊）的饮用水和清洁用水，以及家禽饲养用水。其水质应符合生活饮用水的水质标准。

3. 乡镇企业与副业用水

指乡镇企业与副业生产过程中的工艺用水、锅炉蒸汽用水、洗涤用水和企业内部职工生活及淋浴用水。其水质应符合不同生产工艺对水质的要求。

4. 庭院和田园用水

对于某些缺水地区,则应考虑干旱季节时的育苗和播种用水。其水质应符合农灌用水的水质标准。

5. 消防用水

一般不单独考虑消防用水。但对某些重镇则应考虑消防对用水的要求。其水质应符合消防用水的水质标准。居住区室外消防用水量不应小于表 2-2 的规定。

城镇居住区室外消防用水量　　　　表 2-2

人数(万人)	同一时间的火灾次数(次)	一次灭火用水量(l/s)
≤1.0	1	10
≤2.5	1	15
≤5.0	2	25
≤10.0	2	35
≤20.0	2	45

6. 其他用水

包括旅游用水、绿化用水、市政用水、管道系统漏失水和净水厂自用水。其值按最高用水量的 15% 计算。

(二) 农村饮用水安全卫生评价指标

农村饮用水安全卫生评价指标体系分安全和基本安全两个档次,由水质、水量、方便程度和保证率四项指标组成。四项指标中只要有一项低于安全或基本安全最低值,就不能定为饮用水安全或基本安全。

1. 水质:符合国家《生活饮用水卫生规范》要求的为安全;符合《农村生活饮用水卫生标准准则》要求的为基本安全。

2. 水量:每人每天可获得的水量不低于 40~60L 为安全;不低于 20~40L 为基本安全。根据气候特点、地形、水资源条件和生活习惯,将全国分为 5 个类型区,不同地区的具体水量标准可参照表 2-3 确定。

不同地区农村生活饮用水水量评价指标(单位:升/人·天) 表2-3

分区	一区	二区	三区	四区	五区
安全	40	45	50	55	60
基本安全	20	25	30	35	40

注:一区包括:新疆、西藏、青海、甘肃、宁夏、内蒙古西北部、陕西、山西黄土高原丘陵沟壑区、四川西部。

二区包括:黑龙江、吉林、辽宁、内蒙古西北部以外地区、河北北部。

三区包括:北京、天津、山东、河南、河北北部以外地区、陕西关中平原地区、山西黄土高原丘陵沟壑区以外地区、安徽、江苏北部。

四区包括:重庆、贵州、云南南部以外地区、四川西部以外地区、广西西北部、湖北、湖南西部山区、陕西南部。

五区包括:上海、浙江、福建、江西、广东、海南、安徽、江苏北部以外地区、广西西北部以外地区、湖北、湖南西部山区以外地区、云南南部。

本表不含香港、澳门和台湾。

摘自:www.wst.hainan.gov.cnnewsnews_view.aspnewsid=1866

3. 方便程度:人力取水往返时间不超过10分钟为安全;取水往返时间不超过20分钟为基本安全。

4. 保证率:供水保证率不低于95%为安全;不低于90%为基本安全。

第三节 农村给水系统组成和类型

一、什么是给水系统

给水系统是由相互联系的一系列构筑物与输配水管网组成的工程系统。

给水系统是农村饮水工程的一个重要基础设施,它须保证足够的水量,合格的水质,充裕的水压供应生活用水、生产用水和其他用水,既能满足近期的需要,还须兼顾到今后的发展。

二、给水系统的组成

(一)农村给水系统组成和作用

农村给水系统的任务是从水源取水,经处理后,以不同用户要求的水量、水质和水压供应用户，农村给水系统通常由取水、净水和输配水三大部分组成。

1. 取水构筑物

(1) 地下水取水构筑物的形式

地下水取水构筑物的形式与适用条件，如表2-4所示。

地下水取水构筑物的形式与适用条件　　表2-4

序号	形式	特点	常用尺寸	适用条件
1	管井	管井为垂直于地面的直井，为村镇给水工程中常用的地下水取水构筑物，施工方便	井径：50~500mm；井深：200m以下	能建造于任何岩性的地层中，适用于层厚在5m左右，其底版埋藏深度大于15m的含水层
2	大口井	大口井是村镇给水工程采用最多的地下水取水构筑物，它可应用地方材料，如砖、石砌筑	井径：3~8m；井深：5~15m	适用于厚度在5m左右，其底版埋藏深度小于15m的含水层
3	渗渠	渗渠是水平铺设在含水层中的集水管渠，主要取集浅层地下水，河流渗透水和潜流水	直径：不小于0.6m；埋深：4~6m	适用于埋藏较浅（小于2m），厚度较薄（4~6m）的中砂、粗砂、砾石或卵石含水层
4	引泉池	泉水水质好，通常无需净化就可以直接饮用		适用于具有丰富泉水资源的山区和半山区村镇给水

(2) 地表水取水构筑物的形式

由于地表水水源的种类、性质和取水条件不同，取水构筑物的形式也多样，一般分为固定式、移动式、山区浅水河流式和湖泊水库取水构筑物，如表2-5~表2-8所示。

固定式取水构筑物的形式　　　　　表 2-5

序号	名称	特点	适用条件
1	岸边合建式取水	（1）集水井与泵房合建，设备布置紧凑，总建筑面积较小； （2）吸水管路短，运行安全、维护方便	（1）河岸坡度较陡，岸边水位较深，地质条件较好，水位变化幅度和流速较大的河流； （2）取水量较大，安全性要求较高的取水构筑物
2	岸边分建式取水	（1）泵房可离开岸边，设于较好地质条件的地段； （2）维护管理和运行安全性较差，吸水管较长	（1）河岸处的地质条件较差，不宜合建； （2）合建对河道断面与航道影响较大； （3）水下施工有困难，施工装备、力量较差
3	岸边潜水泵取水	这种取水方式结构简单，投资少，上马快	适用于河流的水位变化较大，水中的漂浮物较少的情况。潜水泵可安装在岸边的进水井中或直接安装在斜坡上
4	河床自流管取水	（1）集水井设于河岸上，不受水流冲刷和冰凌碰击，不影响河床水流； （2）进水头部伸入河床，检修和清洗不便； （3）洪水期河底部泥沙较多，水质较差； （4）冬季保温、防冻条件比岸边式好	（1）河床较稳定，河岸平坦，主流距河岸较远，河岸水深较浅； （2）岸边水质较差； （3）水中悬浮物含量较少

续表

序号	名称	特点	适用条件
5	河床虹吸管取水	进水口设于河心,经虹吸管流入岸边集水井	适用于河漫滩较宽、河岸为坚硬岩石,埋设自流管需开挖大量土石方而不经济或管道需要穿越防洪堤的情况
6	水泵吸水管直接从河床吸水取水	(1) 不设集水井,施工简单、造价低; (2) 吸水管不允许漏气; (3) 河流泥沙颗粒较大时,易受堵塞,水泵叶轮磨损快; (4) 吸水管较长; (5) 利用水泵吸高,可减少泵站深度	(1) 水泵允许吸高较大,河流的漂浮物较少,水位变化幅度不大; (2) 吸水量少
7	湿井式取水	(1) 泵房下部为集水井、上部为操作室,运行管理方便; (2) 采用深水泵或潜水泵,可减少泵房或不设泵房; (3) 水泵检修、清除井筒淤沙较难; (4) 河流含沙量和沙粒较大时,需采用防沙深井泵或相应措施	水位变化幅度较大,尤其是水位骤涨骤落的情况

移动式取水构筑物的形式　　　　　　　　表 2-6

序号	名称	特点	适用条件
1	浮船式取水	（1）工程用材少、投资省、施工简便； （2）一般船体结构简单； （3）河床易变的情况下，有较强的适应性； （4）随水位涨落需更换接头、移动船位，管理较复杂，安全性较差	（1）河流水位变化在 10m 以上，水位变化速度不大于 2m/h，枯水期水深大于 1m，且水流平稳，风浪较小、停泊条件较好的河段； （2）河床稳定，岸边有事宜坡度（20°~30°）
2	潜水泵直接取水	（1）施工简单，水下工程量小； （2）投资省	（1）取水量小； （2）漂浮物和含沙量小的河段

山区浅水河流取水构筑物的形式　　　　　　表 2-7

序号	名称	特点	适用条件
1	固定式低坝取水	当河流的取水深度不够，或取水量占枯水期河水量的 30%~50% 且沿河床表面随河水流动而移动的泥沙杂质（即推移质）不多时，可在河上修建低坝以抬高水位或拦截足够的水量	适用于枯水期河水流量特别小、水浅、不通航、不放筏，且推移质不多的小型山溪河流
2	活动式低坝取水（橡皮坝）	（1）利用活动式橡胶坝，可挡水、可泄洪； （2）坝体可预先加工，安装方便省劳力； （3）节省大量建筑材料和资金； （4）止水效果与抗震性好； （5）坚固性和耐久性较差	适用于枯水期流量特别小，水浅，不通航、不放筏，且推移质较少的小型山溪河流

续表

序号	名称	特点	适用条件
3	底栏栅式取水	（1）用带廊道的引水廊道取水； （2）常发生坝前泥砂淤积和栏栅堵塞现象	（1）适用于河床较窄，水浅，河床纵坡大，大颗粒推移质特别多的山溪河流； （2）要求截取全部或大部分河床径流水及河床潜流水

湖泊、水库取水构筑物的形式　　　表 2-8

序号	名称	特点	适用条件
1	与坝身合建的取水塔取水	（1）与坝身或泄水口同时施工，工程量较大； （2）安全可靠，不受船只和风浪侵袭	（1）水库深度较大； （2）取水量较大
2	与泄水口合建的取水塔水		
3	潜水泵直接取水	（1）施工简单，水下工程量小； （2）投资省	（1）取水量小； （2）水中漂浮物少
4	岸边式自流管取水		适用于水位变化幅度小，取水量小的浅水湖泊和水库取水
5	岸边式虹吸管取水		适用于水位变化幅度较小的浅水湖泊和水库取水

2．输配水管渠系统

（1）输配水管渠类型见表2-9。

输配水管渠类型　　　　　　　　　表2-9

序号	类型	说明	流量
1	输水管渠	（1）指从水源将原水输送到水厂、调节构筑物或配水管网的管道或渠道。 （2）分重力输水和压力输水两种形式	管渠内流量比较均匀，且无沿程出流
2	配水管网	（1）指从净水厂或调节构筑物（水塔、高位水池）直接向用户配水的管道系统； （2）配水管网分树枝状管网和环状管网两种； （3）配水管又分配水干管和配水支管	配水管内的流量随用户用水量的变化而变化

（2）常用管材的选择见表2-10。

常用管材的选择　　　　　　　　　表2-10

管材名称	接口		连接配件方式	优缺点及适用条件
	形式	性质		
塑料管	承接口 粘接 螺纹 法兰	胶圈 柔性 刚性	（1）直接连接标准配件 （2）白铁配件 （3）铸铁配件	（1）质轻、耐腐蚀、不结垢； （2）管内光滑、水头损失小； （3）安装方便、密封安全可靠； （4）价格较低，适用村镇给水

续表

管材名称	接口 形式	接口 性质	连接配件方式	优缺点及适用条件
铸铁管	承插口 法兰口	刚性 柔性 半柔性	标准铸铁配件连接	(1) 防腐蚀能力较钢管强，需进行一般防腐蚀处理； (2) 较钢管质脆、强度差； (3) 有标准配件，适用于支管和配件较多的管线； (4) 接口较麻烦、劳动强度大
钢管	焊接 法兰 丝扣	刚性	(1) 标准铸铁配件连接 (2) 钢配件连接 (3) 白铁配件连接	(1) 强度和工作压力较高； (2) 敷设方便，适应性强，可穿越各种障阻物； (3) 耐腐蚀性差，内外均需进行较强的防腐处理； (4) 造价较高

(3) 供水工程中常用水泵及特点见表2-11。

常用水泵类型及特点　　　　表2-11

序号	水泵类型	特点
1	离心泵	离心泵有卧式和立式、单吸及双吸、单级及多级等多种类型。其中卧式离心泵的流量较小，扬程范围较宽，是村镇给水最常用的水泵之一。其结构简单、体型轻便、效率较高，流量和扬程在一定范围内容易调节，可利用其允许吸上真空度，提高水泵安装高程，减少泵房埋深，节省投资
2	潜水泵	潜水泵机泵合一，电机和水泵均潜入水中，不需修建地面泵房；不用长的传动轴，结构简单、体积小、重量轻、效率高；不受吸程限制，电动机一般用水润滑和冷却，安装维修方便，维护费用低

续表

序号	水泵类型	特点
3	深井泵	深井泵的电动机和水泵分开，泵体伸入水中，电动机安装在水面以上的泵底座上，通过竖轴传动。深井泵安装要求较高，设备较复杂
4	自吸泵	自吸泵只需在第一次启动前在泵体内灌入数量不多的水，以后每次启动就不需要再进行充水，便能自动排除吸水管内的空气而进行正常工作

(4) 调节构筑物

常用调节构筑物的适用条件见表2-12。

常用调节构筑物的适用条件　　表2-12

调节构筑物	适用条件
清水池	需连续供水，并可用水泵调节的水厂
水塔	(1) 给水范围和给水规模较小的水厂； (2) 间歇性生产的小水厂； (3) 没有地形可以利用、调节容量较小
高位水池	(1) 有合适的地形条件； (2) 调节容量较大； (3) 给水区对压力的要求变化不大
水窖	没有永久性水源，仅靠季节性水源（如泉水）和雨水的山区或半山区

三、农村给水系统类型

农村给水系统有：联片式给水系统、分散式给水系统、分压式给水系统、灌溉与生活用水联合系统、自流式给水系统、贮水式给水系统等类型。

根据水源和供水区域地势的实际情况，可采用不同的输水方式向用户供水。按照不同的输水方式可分为：重力输水系统和水泵加压输水系统。

四、农村饮水工程供水模式选择

农村供水工程应实行规模化发展、标准化建设、市场化运作、企业化经营、专业化管理。实践证明，供水规模越大，水质水量越有保证，工程投资相对越省，建设质量越便于控制，建成后越便于管理，经济效益越高。

选择给水系统时，应根据当地的村镇规划、地形、水文、地质、水源、用水要求、经济水平、技术条件、肠道传染病发病情况等因素，通过调查研究，必要的试验并参考相似条件下处理构筑物的运行经验，经技术经济比较后确定。同时，应根据对给水系统所作的全面规划，按照近期设计，并考虑到扩建的可能，根据实际情况，对近期工程作出一次建成或分期修建的具体安排。

饮水安全工程供水模式应当考虑水源、地形等因素因地制宜地选定。农村给水与城市给水相比，在工程组成、水处理要求等方面基本一样，但由于供水对象和供水方式的差别较大，使得农村供水工程在规模、类型的选择等方面具有特殊性。

（一）初步选择

为确保农村饮水安全，初步选择时应遵循以下几点：

1. 对于以平原水库或浅层地下水作为饮用水源的地区，重点发展集中联片供水工程模式，提倡大规模集中供水，最好是"一县一网"，形成规模化发展模式。

2. 对于以平原水库为水源的供水工程，应采取较大规模的供水管网，供水人口最好在10万人以上。在地下水水质较好的地区可集中开辟供水水源地，以镇驻地为中心向四周辐射。平原区一个供水厂供水范围可为一个或多个乡镇，供水人口最好在15万人以上，可采用加压泵站供水或利用高位水池自流供水的方式。

3. 在水源、水质、水量满足要求的条件下，可几个村形成一个供水片联合供水，一个水厂的供水范围应在3个村以上，一般应超过2000人，修建高位水池实现自流供水，采用自动控制装置，方便管理和运行。对于位置偏僻的村，有一定的水源时，可采取单村供水模式。可修建一个高位蓄水池，实现自流供水。

4. 部分地区，由于资金和其他原因而无法采取集中供水模式，并且地下水也无法饮用，为解决该地区群众饮水困难问题，可利用水窖、电渗析、离子膜反渗透、屋檐接水等方式。

（二）常用的给水系统流程及选择

1. 由于水源不同，水质各异，生活饮用水处理系统的组成和工艺流程有多种多样，农村常用的给水系统流程及其适用条件见表2-13。

给水系统流程及其适用条件　　　　表2-13

给水系统流程	适用条件
水源井 → 水泵 → 用户 　　　　　↑ 　　　消毒剂	浅层地下水水源，用户分散
水源 → 水泵 → 高位水池 → 管网 　　　　　　　　　　　　　　↓ 　　　　　　　　　　　　　用户	泉水或山溪水水源，有地形条件可以利用，水质较好
水源井 → 水泵 → 水塔 → 管网 → 用户 　　　　　↑ 　　　消毒剂	水源为地下水，平原地区
水源井 → 水泵 → 压力给水罐 → 管网 　　　　　↑　　　　　　　　　　　↓ 　　　消毒剂　　　　　　　　　　用户	水源为地下水，平原地区，供电可以保证
水源井 → 水泵 → 管网 → 用户 　　　　　↑ 　　　消毒剂	水源为地下水，无地形可利用，直接定时供水

续表

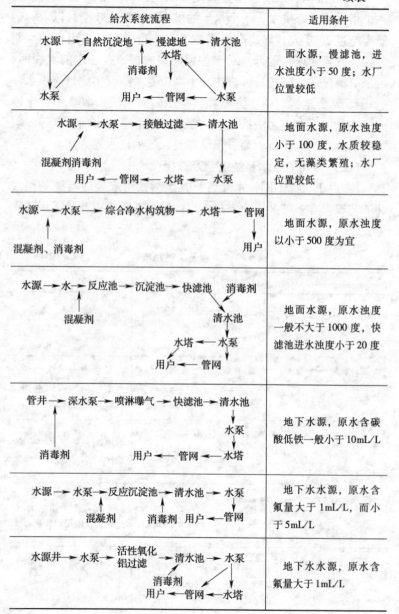

2. 给水系统流程的选择可按图2-5中的程序进行。

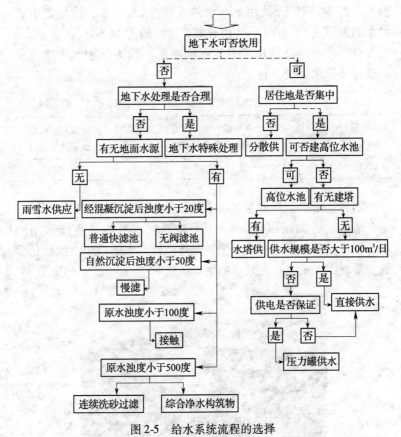

图2-5 给水系统流程的选择

第四节 农村供水安全工程管理

一、目前我国农村饮水工程中的安全隐患

（一）农村饮水安全隐患

2006年8月~2007年11月，全国爱卫会、卫生部联合组织开展全国农村饮用水与环境卫生现状调查，饮用水调查结果显

示：我国农村生活饮用水的水源主要以地下水为主，饮用地下水的人口占74.87%，饮用地面水的人口占25.13%；饮用集中式供水的人口占55.10%，饮用分散式供水的占44.90%。

以《农村生活饮用水卫生标准准则》作为饮用水水质评价标准，超标率如表2-14。

农村生活饮用水卫生标准超标率（%）　　　表2-14

未达到基本卫生安全	地面水	地下水	集中式供水	中央投资建设水厂	分散式供水	因细菌总数和总大肠菌群所引起
44.36	40.44	45.94	40.83	38.99	47.73	25.92

农村饮用水超标的主要因素是微生物指标超标，集中式供水中有消毒设备的仅占29.18%，分散式供水基本是直接采用原水。农村饮用水消毒率比较低，是导致饮用水的微生物指标超标的主要原因。图2-6为某地的供水设施。

图2-6　农村供水设施简陋，水质无法保证

农村饮用水安全是重大的民生问题，也是建设社会主义新农村需要着力解决的重要问题之一。目前农村饮水安全与目标尚有一定差距。原因在于：

（1）一些农村饮用水源量小，供水不稳定，用水不方便，且用水成本过高。

(2) 饮用水源地保护的法制不完善。生活垃圾是农户家庭垃圾的主要来源,农村每天每人生活垃圾量为 0.86kg,全国农村一年的生活垃圾量接近 3 亿 t,这是非常巨大的数额,其中三分之一约 1 亿 t 的垃圾属于随意堆放。

(3) 化肥、农药流失造成的污染严重。

(4) 个别地方重经济增长轻水源保护。

农村最近几年养殖业发展迅速。一是畜牧养殖,为了追求更高的利润,很少建沼气池,而且废水直接排放到池塘、农田、溪流的水体中,扩大了污染区域,造成了河流的富营养化,浮藻、水草丛生,鱼类死亡;二是水产养殖,为追求经济效益,大量使用化学肥料、含有饲料添加剂的强化饲料,迫使水体富营养化,催生高密度的藻类和浮游生物,还有的饲养以动物内脏等为饲料的鱼类,动物内脏的细菌、病毒及其他原生动物胞囊污染水体,加剧了治理的难度。再则,农村工矿企业治污排污不达标,加速水源污染。

(二) 解决农村饮水安全隐患主要措施

(1) 进一步重视农村饮用水安全问题。各级党委、政府要强化保护饮用水源的责任意识,进一步加强对饮用水源保护工作的领导,认真落实饮用水源保护的各项制度。图 2-7 为某村建立的水源防护带。

(2) 水利主管部门应与乡、镇一级政府密切合作,对当地的水资源进行细致的普查,运用科学实用的方法,找到各自然村组稳定安全的水源,并多方筹措资金,加快农村生活用水基础设施改造和建设。

(3) 环境保护:主管部门应对本辖区的农村饮用水源地的保护全面负责,包括农村村组小型饮用水源地的保护。采取强有力的措施,整治或者拆除污染农村饮用水源地环境的工矿企业。对农村饮用水源地进行日常监察监测工作,密切监视其水情水质变化,以便及时发现问题,快速反应,防止饮用水源遭受污染。

图2-7 水源防护带

（4）卫生主管部门应加强饮用水检测的能力建设，经常到乡村，到农户家，对他们饮用的水进行科学的卫生检测，并免费发放一些消毒药品，如漂白粉片剂等，引导他们对自己饮用的水进行安全处理，提升饮水质量。

（5）此外，当地政府和相关部门还应加强农村饮用水安全知识和法规知识的宣传教育，鼓励农民主动参与农村饮用水安全保护工作，合法维护自己的切身利益，自觉爱护和保护自己的饮用水源。

二、目前我国农村饮水工程管理中存在的主要问题

（1）农村饮水安全工程经营管理体制不健全，宏观管理不到位。

以往饮水工程建成后多交付村集体使用，就算解决了饮水困难，而对工程如何运行管理，缺乏指导和宏观管理，未形成自上而下、行之有效的管理体制。而村集体又疏于管理，未形成从工程管理到经营管理的系列管理体制，造成了"工程有人建，有人用，无人管"的状况。

(2) 工程本身缺乏生命力。

有些工程立项建设之时，缺乏必要的经济技术论证，只算政治账，不算经济账，造成高投入低效益，缺乏自我更新的生命力。

(3) 管理主体不明，不讲究经营方式。

有些工程一包了之；有些承包人杀鸡取卵，短期行为严重，只图眼前利益，无长期使用打算，承包期一到整个供水工程就成了烂摊子。

(4) 群众饮水存在潜在的威胁。

还有相当一部分群众对高氟水、苦咸水、污染和细菌超标水水质的危害认识不足，水供到村口也不愿意接，水厂实际供水远达不到设计供水规模，造成了"大马拉小车"的不良局面。

(5) 没有建立相应的水质检测系统。

水处理设备简陋或无水处理设备，成水质量较差，细菌超标普遍存在。

(6) 政府投资比例偏低。

综上所述，管理体制不明确，水费不到位，不能足额提取折旧、大修费用等，是饮水工程难以持续利用的主要原因。

三、农村供水工程管理

建设好工程，仅仅是好的开始，能否管理好工程并实现良性运行，使农民群众长期得到实惠才是关键。农村饮水工程管理的总体要求可概括为：以保障农民群众的饮水安全为目标，以提供优质供水服务为宗旨，坚持按经济规律办事，建立适应社会主义市场经济体制要求、符合农村饮水工程特点、有利于工程可持续利用的管理体制、运行机制和社会化服务保障体系，确保农村饮水工程长期发挥效益。

(一) 农村供水工程的特点和性质

1. 农村供水工程的特点

(1) 地位重要，需要高度重视。

发展农业生产和改善农民生活离不开供水工程，建设和谐社会主义新农村离不开供水。因此，要充分认识农村供水工程的重要地位，引起各级领导的高度重视。

（2）群众性强，需要广大农民参与。

农村供水工程遍及各村，与所有农民的生产、生活都有密切关系，是一项群众性的事业，需要广大农民的参与。

（3）公益性较强，需要政府扶持。

农村供水工程是公益设施，服务对象是农村低收入群体，投资回报率较低，各级财政每年应安排一定补助经费给予扶持。

（4）具有垄断性，需要政府加强宏观管理。

农村供水工程的建设与管理需要在政府的规划与计划指导下有序进行。

2. 农村供水工程的性质

农村供水工程与农村道路、农村供电等同属农村公共工程，是农业和农村社会化服务体系的组成部分，具有较强的基础性、公益性。

（二）国内外工程管理模式

1. 国外工程管理模式简介

西方发达国家对工程项目一般区分为经营性项目和非经营性项目，分别采用不同的管理主体。对于经营性项目，由于在运营后有盈利保证，一般都完全按私人工程的方式操作；而对于非经营性项目，一般采用政府直接管理的方式，实行高度专业化管理。

（1）英国模式

一百年前英国人自己集资建造供水工程，所有权属于集资者自己所有。20世纪70年代末，英国把所有水厂合并为12个大水厂。20世纪80年代，英国兴起了私有化浪潮，将水厂全部拍卖。后来的事实证明，私人公司管理比自己和政府管理的效益好，供水保证率高，水费标准降低。

英国的生活用水水费为1美元/m^3（约合人民币8.3元），平均每户每年约350美元。水费收入中的200美元作为公司的利润,三分之二涨了工资,三分之一又重新投入。水价每五年调整一次,全国有一名水价调节员负责水价的监控。就是在整个欧洲来说,英国模式投资高,效益高,供水保证率高,价格低。

(2)荷兰模式

荷兰在修建大型供水工程时,形成了以社区和政府为股东的股份制公司。各社区都拥有相等的股份,个人通过社区参股。股东只获得一定的利息而不分红。供水工程实际上属于政府和社区所有。管理人员是工程技术人员而不是商人,经营不以盈利为目的,供水效果很好,价格也不高。图2-8为荷兰某供水工程。

图2-8 荷兰供水工程

(3)法国模式

尽管法国人非常不喜欢私有化,但供水在100年以前已经私有化了。在水的私有化过程中达成协议:供水承包商只租赁水厂,而所有权还属于国家。租赁时间一般为15年。水价由供水公司直接与用户商议,没有水价调控员监控,价格比英国高50%。

在国际上,西方一些发达国家为了保证政府投资项目的效益和效率,在项目管理中具有以下一些特征:

1)对政府投资工程有专门的法律约束,具备比较健全的法规体系。

2)投资管理的监督体制较为完善,透明度较高。

3）对项目实行较为专业化的管理；机构之间的权力、责任匹配，相互制约。

4）项目监管程序化、制度化、定量化；监督处罚层次分明。

2. 国内工程管理模式简介

我国政府投资的工程管理体制形成于20世纪50年代，由于当时实行的是计划经济，因此形成了一种由政府作为单一的投资主体，包揽各行业、各种规模项目建设的模式。管理模式大体可以分为以下几种：

（1）专业部门型

在某些长期存在建设管理任务的专业领域设置专业部门，负责该领域政府投资工程的管理。这些专业部门一般为政府机关或事业单位。部门设有基建处，对其所在系统内的工程项目代表政府行使业主职能，负责行业内政府投资工程立项的提出、工程建设以及项目建成后的使用和管理。

（2）临时机构型

多为一次性业主，由政府有关部门牵头，组建一个临时机构，通常叫做工程指挥部或筹建办公室，运用政府提供的各种资源，担负项目建设、资金拨付、工程管理等职责，待建设任务完成后，将工程交付某一指定机构负责营运管理，临时机构撤销解散。

（3）项目法人型

相关政府部门在工程项目策划时根据项目内容，指定已存在的或新建的国有或国有控股公司承担项目法人职责，既承担项目建设管理职责，又担负建成后的营运管理职责。项目建设所需资源由政府根据项目需求投入，建成投入营运后，政府还要根据项目营运的需要投入运行费。

上述传统的政府投资工程管理模式，主要特点是投资、建设、监管、使用多位一体，政企、政事不分，虽然这种高度集权和自我服务的模式在计划经济体制下，对大量政府投资工程的管

理曾经发挥了重要作用,但随着我国经济体制的成功转轨,上述传统模式的弊端日益突出:

(1) 投资主体单一,公共产品供给严重不足。

公共产品生产领域的产权集中于政府及其公共部门手中,民间资本和外国资本难以进入公共产品生产领域,这使得资源在公共品与私人品之间、公共部门与私人部门之间难以自由流动和优化组合。

(2) 建管主体混淆,市场程序混乱。

许多政府投资工程的业主既负责建设项目的组织实施,又负责建筑市场的监督管理,建管合一,裁判员兼运动员。建设法规和市场规则对政府投资工程缺乏约束力,政府业主行为不规范,已成为建筑市场秩序混乱的一个重要根源。

(3) 机构重复设置,资源浪费严重。

无论是政府部门常设主管机构,还是每个工程组建临时机构,都会造成社会资源的重复配置,造成人力、物力、财力和信息资源的严重浪费。同时也成为政府机构庞大、政府臃肿的重要原因之一。这种从机构到人员的临时性的组织方式,同样是花别人的钱办别人的事,容易产生既不讲节约又不讲效益的问题。

(4) 缺乏专业性,管理质量很难提高。

(三) 农村饮水工程管理应注意的几个问题

农村饮水工程是社会公益性基础设施,管好、用好农村饮水工程,是保证工程的良性运行和可持续利用,建立健全与社会主义市场经济相适应的管理体制和运行机制,加强建管并重,建一处成一处,管好一处,避免重复建设,节约国家资金,合理配置有限的水资源,提高饮水群众生活水平和身心健康的必由之路。

(1) 建立健全各级组织领导,进一步确立水行政主管部门在运行管理中的主导地位,强化用水者参与管理和监督的力度,完善各项规章制度,引入激励机制。

由水行政主管部门根据单村饮水工程的多少,在一个乡镇或两个乡镇成立一处供水管理所,所长和维修管理人员由水行政主管部门从职工中择优竞聘，由责任心强、管理水平高、技术业务精的人员担任，配备交通工具，管理的好与坏直接与续聘、解聘、工资以及提拔重用等挂钩。村级管理人员由村委会、供水者协会、乡镇部门推选，供水管理所聘用，自觉接受群众和水利部门的监督。

（2）努力提高用水户爱护供水设施的自觉性，不断增强群众的节水意识。

管道漏水视而不见，破管浇地，破坏水利设施的事件时有发生。因此，要通过广播、电视、报刊、标语等宣传工具，以及供水管理人员入村入户等形式，广泛宣传和教育用水户，让他们意识到节约用水和爱护供水设施的重要性，以及长期饮用高氟水、高砷水、苦咸水、污染水给身体健康造成的巨大危害，努力营造人人爱护供水设施、节约用水的良好氛围。

（3）科学合理地确定水价，加强水费的征收、管理力度，为工程良性运行和更新改造提供资金保障。

要科学合理地确定水价，健全水费征收、管理的各种规章制度，尤其是折旧费的管理制度，为工程的正常运行和更新改造提供资金保障。

（4）加强饮水水窖的运行管理，确保饮水水窖工程良性运行和滚动发展。

水窖是干旱区域、无淡水资源地区解决饮水的主要途径。目前，饮水水窖工程由用水户自己管理、自己维修，没有收取折旧资金，加之水质差异较大，细菌超标普遍存在，因而影响工程的正常运行和更新改造。因此，应进一步落实收取水窖折旧资金，建立水窖折旧资金专户，定期消毒杀菌，确保水窖工程良性运行和更新改造，避免重复建设。

（5）建立相应的水质检测系统，进一步完善消毒净化设施和自动化管理系统，走科学化、制度化、规范化、专业化管理的路子。

在人饮解困工程和氟病改水工程建设中，对已建成的水厂工程采用电脑自动化控制管理系统,可以给工程管理带来很大的方便。而在单村供水工程中,许多工程都采用简单的电子自动化控制系统,但自动化程度较低,故障率较高。同时建立相应的水质检测和预报系统,消除水质隐患。

(6)多元化投资,股份制管理,是供水事业发展的必然趋势。

根据我国不同地区农村饮水的特点,可采用以下几种应用模式:

1)大户投资建管模式;
2)群众集资自建自管模式;
3)股份合作建管模式;
4)供水设施整体拍卖模式;
5)城镇自来水公司扩展供水模式;
6)乡镇水利站组建企业经营管理模式。

山东省东平县参照以上应用模式,开展了村村通自来水工程建设,主要模式见表2-15。

东平县村村通自来水工程供水规模主要建管模式　　表2-15

乡镇	乡镇规划		供水规模			投资情况				主要建管模式
	村庄(个)	人口(万人)	供水中心(处)	村庄(个)	人口(万人)	总投资(万元)	其中(占总投资)			
							地方政府(%)	市场融资(%)	群众自筹(%)	
商老庄乡	35	3	3	30	2.5					(4)
戴庙乡	48	3.6	3	48	3.6					(6)
彭集镇	53	6.2		53	6.2	653.22	39.50	18.83	41.67	(2)
银山镇	44	5.6		44	5.6	500				(3)
斑鸠店镇	40	4.6	4	32	4					(4)
新湖乡	54	5.1		37	3.7					(6)
沙河站镇	65	5.6	2	65	5.6	874.95	17.15	46.85	36.00	(3)

续表

乡镇	乡镇规划		供水规模			投资情况				主要建管模式
	村庄(个)	人口(万人)	供水中心(处)	村庄(个)	人口(万人)	总投资(万元)	其中（占总投资）			
							地方政府(%)	市场融资(%)	群众自筹(%)	
州城镇	71	5.2		68	5	720				(5)
东平镇	68	8.5		68	8.5	920.8				(5)
大羊乡	42	3.9	2	42	3.9	390	14.62	23.08	62.30	(2)
接山乡	52	6.8	6	52	6.8	842				(3)
梯门乡	43	3.9	5	41	3.56	623.68				(2)
老湖镇	71	7.2		71	7.2	258.76		100		(1)
旧县	30	2.8		27	2.5	226.58	31.32		68.68	(6)

注：1. 大户投资建管模式；2. 群众集资自建自管模式；3. 股份合作建管模式；4. 供水设施整体拍卖模式；5. 城镇自来水公司扩展供水模式；6. 乡镇水利站组建企业经营管理模式。

总的来说，在建立社会主义市场经济体制、深化农村供水体制改革中，政府对农村供水的扶持引导不应当削弱，而要加强。该政府管、政府办的，政府要切实负起责任，履行职责。该让群众办的，一定要让群众自己办。能用市场机制解决的问题，政府应当放手，充分发挥市场机制的作用。

第三章 水的综合利用与节约

第一节 水的利用

取水工程是水资源规划与利用的重要组成部分。取水构筑物的类型与取水量选择的合理性，直接影响水源地的正常运行和可持续利用。选择不当，造成供水量保证程度降低，供水水源工程运行效率低下，或过量开采引起水源枯竭。由此，下面将就水源特征、取水点的布置原则、取水构筑物的类型、结构给予讨论。

一、地表水源的特征

地表水资源在供水中占据十分重要的地位。地表水作为供水水源，其特点主要表现为：

（1）水量大，总溶解固体含量较低，硬度一般较小，适合于作为大型企业大量用水的供水水源。

（2）时空分布不均，受季节影响大。

（3）保护能力差，容易受污染。

（4）泥沙和悬浮物含量较高，常需净化处理后才能使用。

（5）取水条件及取水构筑物一般比较复杂。

二、水源地选择原则

（一）水源的勘察

为了保证取水工程建成后有充足的水量，必须先对水源进行详细勘察和可靠性综合评价。对于河流水资源，应确定可利用的水资源量，避免与工农业用水及环境用水发生矛盾；兴建水库作为水源时，应对水库的汇水面积进行勘察，确定水库的蓄水量。

（二）综合考虑技术经济等各方面

水源选择必须在对各种水源进行全面分析研究，掌握其基本特征的基础上，综合考虑各方面因素并经过技术经济比较后确定。确保水源水量可靠和水质符合要求是水源选择的首要条件。水量除满足当前的生产、生活需要外，还应考虑到未来发展对水量的需求。作为生活饮用水的水源应符合《生活饮用水卫生规范》中关于水源的相关规定；国民经济各部门的其他用水，应满足其工艺要求。

随着国民经济的发展，用水量逐年上升，不少地区和城市，特别是水资源缺乏的北方干旱地区，生活用水与工业用水、工业用水与农业用水、工农业用水与生态环境用水的矛盾日益突出。因此，确定水源时，要统一规划，合理分配，综合利用。此外，选择水源时，还需考虑基建投资、运行费用及施工条件和施工方法，例如施工期间是否影响航行，陆上交通是否方便等。

（三）地表水源的利用

用地表水作为城市供水水源时，其设计枯水流量的保证率，应根据城市规模和工业用水户的重要性选定，一般可采用90%~97%。

用地表水作为工业企业供水水源时，其设计枯水流量的保证率，应视工业企业性质及用水特点，按各有关部门的规定执行。

（四）地下水与地表水联合使用

如果一个地区和城市具有地表和地下两种水源，可以对不同的用户，根据其需水要求，分别采用地下水和地表水作为各自的水源；也可以对各种用户的水源采用两种水源交替使用，在河流枯水期地表水取水困难和洪水期河水泥沙含量高难以使用时，改用抽取地下水作为供水水源。国内外的实践证明，这种地下水和地表水联合使用的供水方式不仅可以同时发挥各种水源的供水能力，而且能够降低整个给水系统的投资，提高供水系统的安全可靠性。

（五）确定水源、取水地点和取水量原则

确定水源、取水地点和取水量等，应取得水资源管理机构以

及卫生防疫等有关部门的书面同意。对于水源卫生防护应积极取得环保等有关部门的支持配合。

三、地表水取水位置的选择

在开发利用河水资源时，取水地点（即取水构筑物位置）的选择是否恰当，直接影响取水的水质、水量、安全可靠性及工程的投资、施工、管理等。因此，应根据取水河段的水文、地形、地质及卫生防护、河流规划和综合利用等条件全面分析，综合考虑。地表水取水构筑物位置的选择，应根据下列基本要求，通过技术经济比较确定。

（一）取水点应设在具有稳定河床、靠近主流和有足够水深的地段

取水河段的形态特征和岸形条件是选择取水位置的重要因素。取水口位置应选在比较稳定、含砂量不太高的河段，并能适应河床的演变。不同类型河段适宜的取水位置如下：

1. 顺直河段

取水点应选在主流靠近岸边、河床稳定、水深较大、流速较快的地段，通常就是河流较窄处。在取水口处的水深一般要求不小2.5~3.0m。

2. 弯曲河段

弯曲河道的凹岸在横向环流的作用下，岸陡水深，泥沙不易淤积，水质较好，且主流靠近河岸，因此凹岸是较好的取水地段。但是取水点应避开凹岸主流的顶冲点（即主流最初靠近凹岸的部位），一般可设在顶冲点下游15~20m。因为凹岸容易冲刷，所以需要一定的护岸工程。为了减少护岸工程量，也可以将取水口设在凹岸顶冲点的上游处。

3. 游荡型河段

在游荡型河段设置取水构筑物，特别是固定式取水构筑物比较困难，应结合河床、地形、地质特点，将取水口布置在主流线密集的河段上；必要时需改变取水构筑物的形式或进行河道整治

以保证取水河段的稳定性。

4. 有边滩、沙洲的河段

在这样的河段上取水,应注意了解边滩和沙洲形成的原因、移动的趋势和速度,不宜将取水点设在可移动的边滩、沙洲的下游附近,以免被泥沙堵塞。一般应将取水点设在上游距沙洲500m 以外。

5. 有支流汇入的顺直河段

在有支流汇入的河段上,由于干流、支流涨水的幅度和先后次序不同,容易在汇入口附近形成"堆积锥",因此取水口应离开支流入口处上下游有足够的距离,如图 3-1 所示。一般取水口多设在汇入口干流的上游河段上。

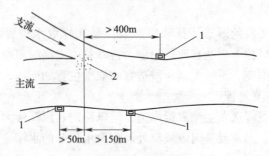

图 3-1　有支流汇入的河流取水口布置
1—取水口；2—堆积锥

(二) 取水点应尽量设在水质较好的地段

为了取得较好的水质,取水点的选择应注意以下几点:

(1) 生活污水和生活废水的排放常常是河流污染的主要原因,因此供生活用水的取水构筑物应设在城市和工业的上游,距离污水排放口上游 100m 以外,并应建立卫生防护带。如岸边有污水排放,水质不好,则应伸入江心水质较好处取水。

(2) 取水点应避开河流中的回流区和死水区,以减少水中泥沙、漂浮物进入和堵塞取水口。

(3) 在沿海地区受潮汐影响的河流上设置取水构筑物时,

应考虑到海水对河水水质的影响。

（三）取水点应设在具有稳定的河床及岸边，有良好的工程地质条件的地段，并有较好的地形及施工条件

取水构筑物应尽量设在地质结构稳定、承载力高的地基上，这是构筑物安全的基础。断层、流沙层滑坡、风化严重的岩层、岩溶发育地段及有地震影响地区的陡坡或山脚下，不宜建取水构筑物。此外，取水口应考虑选在施工有利的地段，不仅要交通运输方便，有足够的施工场地，而且要有较少的土石方量和水下工程量。因为水下施工不仅困难，而且费用甚高，所以应充分利用地形，尽量减少水下施工量以节省投资，缩短工期。

（四）取水点应尽量靠近主要用水区

取水点的位置应尽可能与工农业布局和城市规划相适应，并全面考虑整个给水系统的合理布置。在保证安全取水的前提下，尽可能靠近主要用水地区、以缩短输水管线的长度，减少输水的基建投资和运行费用。此外，应尽量减少穿越河流、铁路等障碍物。

（五）取水点应避开人工构筑物和天然障碍物的影响

河流上常见的人工构筑物有桥梁、丁坝、码头、拦河闸坝等。天然障碍物有突出河岸的陡崖和石嘴等。它们的存在常常改变河道的水流状态，引起河流变化，并可能使河床产生沉积、冲刷和变形，或者形成死水区。因此选择取水口位置时，应对此加以分析，尽量避免各种不利因素。

（六）取水点应尽可能不受泥沙、漂浮物、冰凌、冰絮、支流和咸潮等影响

取水口应设在不受冰凌直接冲击的河段，并应使冰凌能顺畅地顺流而下。在冰冻严重的地区，取水口应选在急流、冰穴、冰洞及支流入口的上游河段。有流冰的河道，应避免将取水口设在流冰易于堆积的浅滩、沙洲、回流区和桥孔的上游附近。在流冰较多的河流中取水，取水口宜设在冰水分层的河段，从冰层下取水。

冰水分层的河段当取水量大，河水含沙量高，主河道游荡，冰情严重时，可设置两个取水口。

（七）取水点的位置应与河流的综合利用相适应，不妨碍航运和排洪，并符合河道、湖泊、水库整治规划的要求

选择取水地点时，应注意河流的综合利用，如航运、灌溉、排灌等。同时，还应了解在取水点的上下游附近近期内拟建的各种水工构筑物和整治河道的规划以及对取水构筑物可能产生的影响。

（八）供生活饮用水的地表水取水构筑物的位置，应位于城镇和工业企业上游的清洁河段

四、地下水水源地选择

地下水水源地的选择，对于大中型集中供水，关键是确定取水地段的位置与范围；对于小型分散供水，则是确定水井的井位。它关系到建设投资，也关系到是否能保证水源地长期的经济和安全运转，以及避免产生各种不良的环境地质问题。

（一）集中式供水水源地的选择

选择时，既要充分考虑能否满足长期持续稳定开采的需水要求，也要考虑它的地质环境和利用条件。

1. 水源地的水文地质条件

取水地段含水层的富水性与补给条件，是地下水水源地的首选条件。首先从富水性角度考虑，水源地应选在含水层透水性强、厚度大、层数多、分布面积广的地段上，如：冲洪积扇中、上游的沙砾石带和轴部；河流的冲积阶地和高漫滩；冲积平原的古河床；裂隙或岩溶发育、厚度较大的层状或似层状基岩含水层；规模较大的含水断裂构造及其他脉状基岩含水带。

在此基础上，进一步考虑其补给条件。取水地段应有良好的汇水条件，可以最大限度拦截、汇集区域地下径流，或接近地下水的集中补给、排泄区。如：区域性阻水界面的迎水一侧；基岩蓄水构造的背斜倾没端、浅埋向斜的核部；松散岩层分布区的沿

河岸边地段；岩溶地区和地下水主径流带、毗邻排泄区上游的汇水地段等。

2. 水源地的地质环境

新建水源地应远离原有的取水点或排水点，减少相互干扰。

为保证地下水的水质，水源地应选在远离城市或工矿排污区的上游；远离已污染（或天然水质不良）的地表水体或水层的地段；避开易于使水井淤塞、涌沙或水质长期混浊的沉沙层和岩溶充填带；在滨海地区，应考虑海水入侵对水质的不良影响；为减少垂向污水入渗的可能性，最好选在含水层上部有稳定隔水层分布的地段。

此外，水源地应选在不易引发地面沉降、塌陷、地裂等有害地质作用的地段。

3. 水源地的经济、安全性和扩建前景

在满足水量、水质要求的前提下，为节省建设投资，水源地应靠近用户、少占耕地；为降低取水成本，应选在地下水浅埋或自流地段；河谷水源地要考虑水井的淹没问题；人工开挖的大口井取水工程，要考虑井壁的稳固性。当有多个水源地方案供比较时，未来扩大开采的前景条件，也是必须考虑的因素之一。

（二）小型分散式水源地的选择

以上集中式供水水源地的选择原则，对基岩山区裂隙水小型水源地的选择也是适合的。但在基岩山区，由于地下水分布极不均匀，水井布置主要取决于强含水裂隙带及强岩溶发育带的分布位置；此外，布井地段的地下水水位埋深及下游有无较大的汇水补给面积，也是必须考虑的条件。

五、非传统水源利用

非传统水资源包括污水、微咸水、雨水和海水等。水资源量的管理过程中，必须将其资源化纳入到整体行列进行考虑，只有如此，才能统筹水资源，有利于水资源供需矛盾的解决。

(一) 污水的利用

1. 国外污水利用

早在1962年日本就开始回用污水，20世纪70年代已初见规模。20世纪90年代初日本在全国范围内进行了废水再生回用的调查研究与工艺设计，对污水回用在日本的可行性进行深入的研究和工程示范，在严重缺水的地区广泛推广污水回用技术。这些使日本近年来的取水量逐年减少，节水已初见成效。赖沪内海地区污水回用量已达到该地区用淡水总量的2/3，新鲜水取水量仅为淡水量的1/3。1991年日本的"造水计划"中明确将污水再生回用技术作为最主要的开发研究内容加以资助，开发了很多污水深度处理工艺。日本各大城市已基本普及节水型住宅，即利用净化装置收集浴室等中水用于冲厕或浇灌绿地，同时积蓄和利用雨水，节水率最高为50%，平均达到36%。英国WD公司发明的专利技术SMR，即中水和雨水收集再利用技术成功地解决了中水处理技术难题，采用简单的设备就可有效处理已收集的中水和雨水，出水水质符合欧洲BR%标准，从而完全满足低水质用水需求。

2. 我国污水利用

我国污水资源利用在"六五"期间分别在大连、青岛作了试验探索，"七五"、"八五"、"九五"期间，污水资源化相继列入了重点科技（攻关）计划，取得了一大批科技成果，建设了一批示范工程，推进了我国污水资源化工作。例如，北京市1984年开始进行中水回用工程示范，并在1987年出台的《北京市中水设施建设管理试行办法》中明确规定：凡建筑面积超过2万m^2的旅馆、饭店和公寓以及建筑面积3万m^2以上的机关科研单位和新建生活小区都要建立中水设施。北京市的中水设施建设得到较快的发展，1995年北京市已有中水设施115个，日回用污水已达1.2万m^3，中水建设已初具规模。"十五"纲要明确把"水资源的可持续利用和污水处理回用"明确写入《第十个五年计划发展纲要》和新《水法》（2002年10月1日执行）中，朱熔基针对南水北调工程提出的"先节水后调水,先治污后通水,先环保后用水"即"三先三后"原则,污水资源化处于重要地位。国家经贸委和建设部联合发文,对创建节水城市提出量化考核指标,其中污水处理回用是指定考核项目。2002年国家相继出台了有关污水再生利用设计、验收及回用水质等六项规范和标准:《城市污水处理厂工程质量验收规范》(GB 50334—2002)、《污水再生利用工程设计规范》(GB 50335—2002)、《建筑中水设计规范》(GB 50336—2002)、《城市污水再生利用分类》(GB/T 18919—2002)、《城市杂用水水质》(GB/T 18920—2002)、《景观环境用水水质》(GB/T 18921—2002)。我国的污水资源化逐步走入正轨。

但是,我国污水处理率和处理水平很低,1997年我国城市污水集中处理率仅为13.65%,与欧美各国80%~90%有很大的差距。根据需水趋势预测,2010年全国废水排放将由1998年的593亿m^3增加到1100亿~1400亿m^3,可见我国污水资源化的潜力是非常大的。

3. 污水利用存在的问题

污水资源化是解决我国水资源短缺必须走的路。目前,我国污水资源化过程中,存在以下问题:

(1)观念问题。尽管已经认识到污水资源化的作用,但在实践上还没有将其摆在重要的位置上,在水资源开发利用上,首先想到的还是开源,开发新的水资源。

(2)资金的缺乏。污水处理回用需要很大的资金,在运转上也需要很大的投入,由于系列配套措施不配套,即使已经建设起来的污水处理厂要么勉强维持运转,要么处于亏损状态,资金缺乏已经是制约污水处理的重要"瓶颈"。

(3)设施不配套,污水处理与回用的设施缺乏配套,很多污水处理厂在前期规划时没有考虑处理的污水如何回用,缺少回用系统。

(4)缺乏完善的市场支撑。尽管水价不断地进行调整,但污水资源化价格还没有竞争能力，企业在市场中生存依然是一个大问题，建立科学合理的水价体系是非常重要的。

4．措施

（1）将污水资源化纳入整体的水资源化中进行综合考虑，提高认识。

（2）制定污水资源化产业政策，鼓励污水资源化，吸引资金。

（3）注重污水资源化安全问题，对污水资源化利用进行安全评估，制订系列安全标准。

（4）改革水价体系，有利于污水资源化的价格倾斜。

（5）制定法规，通过完善的法规约束污水资源化行为，走法制化道路。

（二）微咸水利用

1．国外微咸水利用

微咸水利用已经有了很长时间，技术也日趋完善。在这一方面最为典型的是以色列，经过科学合理的开发，采用先进的计算机系统，将微咸水和淡水混合为生活饮用水及农林业灌溉用水。日本用含盐浓度 $7.0 \sim 20.0 g/kg$ 的滞潮地或潮水河的水进行灌溉。印度、西班牙、西德、瑞典的一些海水灌溉实验站用矿化度 $6.0 \sim 33.0 g/L$ 的海水灌溉小麦、玉米、蔬菜、烟草等作物。威尼斯不仅用矿化度 $4.5 \sim 5.5 g/L$ 的地下水灌溉小麦、玉米等谷类作物获得成功，而且在撒哈拉沙漠排水和灌水技术条件方便的地区用矿化度 $1.2 \sim 6.2 g/L$ 的地下水灌溉玉米、小麦、棉花、蔬菜等作物，取得良好效果。

2．我国微咸水利用

我国可利用的微咸水资源 200.0 亿 m^3/年，微咸水开采资源 130.0 亿 m^3/年。我国北方可开采的微咸水（矿化度 $2.0 \sim 3.0 g/L$）资源总量约 130.0 亿 m^3，其中华北地区 23.0 亿 m^3，已利用了 6.6 亿 m^3，华北平原还有高达 2 万 km^2 矿化度 $3 \sim 5 g/L$ 地下咸水面积，初步估算可以有开采条件的 $10 \sim 15$ 亿 m^3，淮河流域微咸水资源总量约 125.0 亿 m³，尚未开发利用。

我国在微咸水利用方面也取得了一定的经验，技术也日益成熟。在河北平原用矿化度 4.0~6.0g/L 和 2.0~4.0g/L 的咸水灌溉小麦、玉米，比不灌的旱作小麦、玉米增产 1.2~1.6 倍。河北省还利用微咸水灌溉研究成果，引进了联合国 IFAD 贷款 1200 万美元，大面积开发利用微咸水，改造治理盐碱低产田，1983~1987 年使农田灌溉面积增加 1 倍，盐碱地面积减少 1/2，农业产值及人均收入翻了两番。

（三）农业雨水利用

1. 雨水利用历史

雨水利用就是直接对天然降水进行收集、储存并加以利用。

雨水资源的利用有悠久的历史。4000 年以前，古代中东的纳巴特人在涅杰夫沙漠，把从岗丘汇集的径流由渠道分配到各个田块，或把径流贮存到窖里，以供农作物利用，获得了较好的收成。自 20 世纪 70 年代以来，美国、前苏联、巴基斯坦、印度、澳大利亚等国对集水面进行了大量研究。

我国 4100 年前夏朝的后裔便开始推行区田法。战国末期有了高低畦种植法和塘坝，明代出现了水窖。20 世纪 50~60 年代，创造出鱼鳞坑、隔坡梯田等就地拦蓄利用技术。近年来，各地纷纷实施雨水集流利用工程，如甘肃的"121"工程，陕西的"甘露工程"，山西的"123"工程，宁夏的"窖窑工程"和内蒙的"11338"工程。通过雨水就地拦蓄入渗、覆盖抑制蒸发，利用雨水富集等技术，提高了雨水的利用率。

我国开展雨水集蓄利用的范围主要涉及 13 个省（市、自治区），700 多个县，覆盖面积约 200 多万 km²，人口 2.6 亿。主要在西北黄土高原丘陵沟壑区、华北半干旱山区、西南季节性缺水山区、川陕干旱丘陵山区以及沿海及海岛淡水缺乏区。据统计，从 20 世纪 80 年代后期到现在，全国已建成水窖、水池、小塘坝等微型工程 1200 万处，可集蓄雨水 160 亿 m³，初步解决 3600 万人的饮用水问题，为近 267 万 hm² 旱作农田提供了补充灌溉水源，使近3000万人开始摆脱干旱缺水的束缚和困扰。农业雨水利用具有显著的经济效益和社会效益。以黄土高原为例，西北地区作物年总有效蒸发耗水达33亿 m^3，若采取集流保墒措施，每年可减少蒸发损失14亿 m^3。如果收集居民工矿地和交通地的汇流潜力，可使西北的粮食增产超过10%，初步推算黄土高原地区可增产粮食约28亿 kg。

2. 雨水利用形式

（1）雨水的当时和就地的利用，包括为了提高土壤水利用率的措施，如深耕耙耱，覆盖保墒等。

（2）水土保持措施，主要是拦截降水径流，提高土壤水分含量，梯田、水平沟、鱼鳞坑，以及在小流域治理中的谷坊、淤地坝等治沟措施。

（3）拦截雨洪进行淤灌或补给地下水。

（4）微集雨，即利用作物或树木之间的空间来富集雨水，增加作物区或树木生长区根系的水分。

（5）雨水集蓄利用，是指采取人工措施，高效收集雨水，加以蓄存和调节利用的微型水利工程。

（四）洪水利用

洪水给人类带来过巨大灾难，但其本身并不单具有灾害属性，在某种程度上还具有资源属性，即具有水害和水利双重特性。随着水资源短缺的加剧，愈来愈多的水利专家学者开始关注洪水资源化问题。

洪水资源化的主要途径：

（1）通过调蓄，将汛期洪水转化为非汛期供水。水库是调蓄洪水的重要手段，适当抬高水库的汛限水位，多蓄汛期洪水增加水资源可调度量，可以用于下游城市供水和农田灌溉。

（2）环境用水，利用洪水输送水库和河道中的泥沙和污染物，将洪水作为调沙用水和驱污用水，输沙减淤，清除污染物。

（3）引洪灌溉，将汛期洪水用于补源和灌溉，如可以弥补湿地水源不足和地下水源不足。

(五) 海水利用

海水利用是解决我国水资源短缺的一个重要途径。纵观我国缺水城市的分布，绝大部分分布于沿海地区。我国沿海地区包括沿海11个省、市、自治区，土地面积约为130万 km^2，占全国的13.5%，居住了全国40%的人口，提供了60%以上的国民生产总值，拥有的水资源却只占全国的26%。1996年GDP达到39727亿元，占全国总数58%，人均GDP是内陆19个省（区、市）人均值的18倍。

沿海地区是我国水资源最为短缺的地区，300多座缺水城市大部分分布于沿海地区，大部分沿海城市人均水资源量低于500m^3，大连、天津、青岛、连云港、上海的人均水资源量甚至低于200m^3，处于极度缺水状态。沿海地区受季风气候影响，降水集中在春夏季，降水量的年际、季际变化大，在汛期4个月左右的径流量占据了全年降雨量的60%~80%，加剧了枯水季节水资源供需矛盾。

1. 海水利用途径

（1）开发海底淡水资源。海底存在大量的淡水。海底淡水的开发利用也成为一个重要的水源。1948年意大利航海家哥伦布率领的航行队在奥里诺科河口海域中意外地获得了淡水，解决船上断水危急，成为较早利用海底淡水的先驱者之一。

（2）海水直接利用。海水利用直接利用主要是生产和生活两个方面，从总的情况来看，工业冷却用水占海水总利用量的90%。

（3）海水淡化利用。中国是继美、法、日、以色列等国之后研究和开发海水淡化先进技术的国家之一。1997年，我国500m^3/d的脱盐设备已有40多个，总产水量18.69万 m^3/d（占世界海水淡化总量的0.8%，名列第20位），其中多数是苦咸水淡化设备，海水淡化设备的产水量还不到总产水量的5%。目前我国年利用量80多亿 m^3。继西沙群岛日产200t电渗析海水淡化装置成功运行后，又先后在舟山建成了日产500t反渗透海水淡化站,在大连长海建成日产1000t海水淡化站。我国是世界上少数几个可以采用膜法技术进行海水淡化的国家之一。

2. 我国海水利用存在的问题

(1) 狭义的水资源观限制了海水资源的利用。长期以来,我们在解决水资源供需矛盾时,常常将目光集中在淡水上,而对海水的利用则不给予重视,没有将海水纳入水资源利用体系上。

(2) 淡化水价高失去了竞争力。成本是影响海水利用的重要制约因素。目前我国海水淡化的成本大约为 8 元$/m^3$,而沿海城市的水价都低于海水淡化的价格,以至于海水淡化缺乏竞争能力。

(3) 缺乏政策导向。政策导向对于产业来说具有重要影响。目前,我国尚无明确的鼓励政策,影响了海水产业的发展,国家应从解决沿海地区淡水危机及促进其经济发展的战略高度出发,在行政上和经济上制定有利于海水利用的方针和政策;鼓励有条件利用海水的地区和单位大力开发海水资源,同时,在沿海地区水资源规划中,将海水利用作为一个重要的内容纳入。

(4) 远离沿海的耗水布局产业。远离海岸是我国工业布局的一大特点。高耗水而又可以直接利用海水的钢铁、化工和电力等工业企业如首钢、太钢及北京燕山石化等均建在水资源严重短缺而又远离海岸的内陆。有些沿海省份拥有很多高耗水且远离海岸的大型企业,如鞍钢、邯钢和马钢。

(5) 对海水利用技术的错误认识。海水作工业冷却水关键问题是防腐、防海洋生物附着以及结垢。海水对碳素钢的腐蚀速度为 0.7mm/年 ~ 1.0mm/年;对一般钢材则高达 3.0mm/年。化工行业普遍使用的 3.5mm 厚的碳钢立式列管冷却器,如果用淡水作冷却水使用期为 25 年,用海水作直流冷却水若不做防腐处理,冷却器 1.5 年即穿孔渗漏。海水作循环冷却水的主要问题是腐蚀和结垢,通过添加缓蚀剂和阻垢剂可以解决系统的腐蚀与结垢问题。其实,目前这种技术问题已经解决了,可决策者对此缺乏足够的认识。

3．海水利用的建议

（1）将海水作为水资源补充纳入水资源规划之中。转变观念，将海水作为解决水资源短缺的源措施之一，纳入到水资源规划之中。

（2）制定海水利用产业政策。海水利用是未来最富有的前途的产业，是朝阳产业，国家应该制定明确的产业政策，在投资、税收等各方面制定优惠的产业政策。必要的补贴是不可少的，国家对淡化水项目实行补贴，美国和日本的补贴高达80%以上，我们也应制定相应的政策，吸引资金加入这个行列。

（3）大力推广海水利用示范工程。国家为解决沿海地区、内陆苦咸水地区和内陆大中型城市用水支持了一些膜技术应用示范工程，如国家海洋局杭州水处理技术中心在山东荣成市石岛镇建设的"万吨级反渗透海水淡化产业化示范项目"。今后应加强示范工程的建设，总结经验，给以推广。

（4）积极推进海水利用产业化。我国海水利用技术已经成熟，已经初步具备产业化条件。如膜技术在全球范围内受到了前所未有的高度重视，我国在此方面处于先进行列，设法使之产业化，在海水淡化或者微咸水利用中发挥作用。将海水开发利用作为一项产业，促进产业化经营。

（5）产业结构调整。国家环境保护总局最新的统计资料显示，我国钢铁、化工等高耗水工业部门年耗淡水达80亿 m^3，在新的产业结构调整或者新建改建大型耗水量大的项目中，尽可能地将耗水量大的工业企业设在沿海城市，以便利用海水，节约淡水。

（6）关注海水利用环境影响，进行综合评价和预防。海水利用也存在一定影响，我们应该给予特别关注。如海水利用对污水处理系统有一定的影响，研究结果表明，盐度的变化会对正常的生物处理系统产生一定的冲击，活污水中海水比例不超过35%时，不会对生物系统造成严重冲击，当海水比例超过45%

时，生物处理系统受到明显影响，生物活性受到抑制，且较难恢复正常。此外，海水的利用对环境也可能产生一定影响，我们一定要"未雨绸缪"，做好预防和防治工作。

第二节 水源开发利用模式

建国六十年来，全国各地兴建了一大批以集蓄雨水、地表水、可用弃水为主的水池、水窖、小塘坝和以开发地下水为主的机井、大口井等小水源工程，为小水源开发利用及工程建设积累了丰富的经验。

一、雨水集蓄工程

雨水集蓄工程是指采取工程措施对雨水进行收集、蓄存和调节利用的微型水利工程，适用于无条件兴建大中型水利工程且地下淡水又较为贫乏的域区。雨水集蓄工程一般由集流工程、蓄水工程、供水设施等部分组成，其蓄水工程需进行防渗处理，容积一般不大于 500m^3。

山东省的烟台长岛县在雨水集蓄利用方面积累了不少成功经验，在全国的缺水地区有一定的推广应用价值，其主要利用形式为屋檐接水和路面集水。

（一）屋檐接水工程

为解决海岛人畜吃水问题，水利部在山东省烟台长岛县搞了屋檐接水试验的试点，总结出一整套家庭式屋檐接水工程的基本模式，即屋顶接水——接水槽——落水管——过滤池——地下蓄水池——微型潜水泵——高位水池——用户。工程单方水体投资在 130~185 元，回收率仅 1.5 年；每个蓄水池蓄水能力 10~15m^3，平水年可循环 2.5 次，年可蓄水量 25~37.5m^3。降雨初期的雨水先用来洗涮屋顶，将脏水引入院外蓄水池中，用来浇灌菜园和花果；干净的雨水引入院内蓄水池中，供厨房和卫生间等生活用水，使用非常方便，见图 3-2、图 3-3。

图 3-2　长岛一居民户外集水池

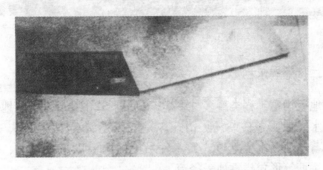

图 3-3　长岛一居民庭院集水池

长岛县自 1994 年开始大力推广屋檐接水工程，特别是 1995 年县政府出台了《长岛县集雨水工程建设管理办法》的文件以来，屋檐接水工程走上了规范化的轨道。全县累计完成 4270 户，年蓄水量 13 万 m^3 以上，在一定程度上缓解了部分岛屿居民用水难的问题。实践证明，屋檐接水工程是解决缺水的山区、山顶上的村庄、沿海和海岛地区人畜饮水的有效途径，它投资少、见效快、易于施工与管理，是非常适合一家一户的小型水利工程。该工程的实施对长岛县政治经济和人民生活水平的稳定和发展产生了巨大的经济、社会和生态环境效益。

（二）路面及环山集水工程

利用硬化庭院、路面和环山渠，将雨水拦蓄至水窖、塘坝、大口井、集水池等蓄水工程中，供单位绿化和部分农田的灌溉，见图 3-4。

图 3-4 长岛县的路面集水池

二、地表水拦蓄工程

地表拦蓄工程类型多种多样，建设形式主要受地形、地貌和区域水文地质条件制约。山丘区一般以小型水库、塘坝、拦河闸、蓄水池、水窖等形式蓄水，平原区主要以平原水库、拦河闸、坑塘等形式拦蓄地表径流。

（一）小型水库

我国的小型水库库容在 10 万～1000 万 m^3 之间，绝大部分分布在山丘区，在防汛、灌溉和生活供水中发挥了重要作用。山丘区小型水库主要建在流域上游的沙石山区，拦蓄汛期地表径流，坝体结构以堆石坝为主，库底一般不需做防渗处理。平原区小型水库主要建在引黄区，主要引蓄黄河水，用于灌溉、工业或生活用水，其坝体结构主要为土石坝，库底一般需做防渗处理。

（二）塘坝

我国塘坝包括山丘区小塘坝、谷坊和平原坑塘，它们一般分布在河道支流的中上游。山丘区的小塘坝坝体结构以条形砌石坝、拱形砌石坝和土石坝为主（图 3-5 与图 3-6），既有单体工程，也有多个工程连在一起的层层拦蓄工程，单体工程坝体较高，

图 3-5 拦水谷坊

图 3-6 小塘坝

一般水不漫顶，而层层拦蓄工程的坝体相对较低，一般属于跌水塘坝。层层拦蓄工程是山丘区的一道景观，"往上看像一层层瀑布，往下看像一座座水库"（图 3-7）

平原坑塘一般分布在村庄的周围，是平原抗旱减灾的主要水源。既能为农业灌溉和多种经营提供充足的水源，又能有效地补充地下水。在平原坑塘的开发利用方面，全国有不少成功经验和先进典型。

（三）拦河闸坝

拦河闸坝属于河道工程，主要拦蓄河道径流，调节来水过程，

图 3-7 拦河谷坊

既能满足工农业用水需求,又能有效地补给地下水。例如,山东临沂小埠东橡胶坝建成后,城区地下水位普遍回升。拦河坝一般建在山区河道中上游,大多为滚水坝。按坝的形态可分为直坝、拱坝和丁坝。

拦河闸的形式灵活多样,一般建在山区河道下游和平原河道内,山丘区主要是钢板闸、翻板闸、人字闸与迷宫堰等(图3-8),平原区主要是钢筋混凝土结构节制闸。

图 3-8 迷宫堰

(四)水池与水窖

在山区,特别是青石山区及降水量较少的山丘区,由于地理位置高、水源缺乏、居住分散等原因，不具备建立集中供水工程的条件，建水池、水窖则是解决这类地区人畜饮水及农业用水的首选形式。

水窖的结构形式按形状可分为圆形水窖、长方形水窖或正方形水窖。其中圆形水窖因受力均匀，应用比较广泛。蓄水水源有雨水、地表水，也有的将汛期地下水储存在水窖内，以备枯水期使用。

蓄水池一般建在地势较高处，池底需作防渗处理，形状有圆有方，集蓄泉水或地表水。例如山东费县大田庄乡大型蓄水池，直径24m，深4m，雨季将河水抽进池，自流灌溉周边农田（图3-9）。

图3-9　山东费县大田庄乡一蓄水池

水池、水窖与其他类型的供水工程相比，具有工程规模小、施工技术简单、供水成本低、管理方便等特点，在全国山丘区得到了广泛应用。

三、地下水采集工程

地下水采集工程，按开采形式，大致可分为垂直采集工程、水平采集工程和混合采集工程。

(一) 垂直采集工程

主要包括机井、大口井和引泉池。

(1) 机井：为地下水给水工程最常见的工程类型。根据成井材料可分为铸铁管井、水泥管井、混凝土管井、塑料管井和基岩井等；根据成井深度又可分为浅机井和深机井两类。

浅机井类型较多，较常见的有土井、砖井、水泥管井、混凝土管井、石砌井等，适用于地下水埋藏较浅的地区，一般通过人工开挖或小型钻探设备施工，深度小于50m，其优点是结构简单、造价较低、易于维修；缺点是出水量受气候影响较大、水质易受地表污水侵染。

深机井是深度较大的供水井，通过大型钻探设备施工，其深度一般为50~400m，主要用于开采埋藏较深含水层中的地下水。松散岩层和坚硬岩层均可施工，其深度取决于所利用含水层的埋藏深度。深机井的主要优点是可以揭穿较厚的含水层和多层含水层，可开采埋藏较深的地下水，并能分层开采，在水质卫生防护方面较其他取水建筑物均佳。深机井的主要缺点是含水层厚度不大时进水面积较小，难以获得较大的出水量，且施工技术复杂、造价高、水井损坏时不易维修。

(2) 大口井：大口井的特点是口径大、深度小，直径一般为2~6m或更大，深度10~20m，适用于含水层透水性差和埋藏浅的地区。井口的形状一般有方形、长方形和圆形，井的容积变化也较大，因此，名称也较多，如：大井、方井、平塘等。大口井施工时多采用人工开挖和机械排水相结合的方式，以钢筋混凝土和砖石结构为主。大口井的优点是直径大，单位长度进水面积大。缺点是受气候影响明显，干旱期出水量减小，甚至干枯。

(3) 引泉工程：引泉工程形式多种多样，根据引泉距离的远近分为就地引泉和远距离引泉两种形式。

就地引泉就是将泉水就地蓄集，根据泉眼出露的位置又分为以泉筑池和泉下筑池。以泉筑池主要用于各类上升泉，一般是将泉口清理后在其周围筑墙将泉眼围起，以石块加护底和边坡，泉池顶部有的还加有防护盖和通风口。以泉筑池的最大优点是既可以提供优质水源，又可作为观赏景点。

远距离引泉一般是将地势较高处的泉水通过长距离铺设暗管，将山泉引向农田或村庄加以蓄积，用于生活和点播用水。这种引泉方式工程量较大，往往是集体出资将泉水引下山，修建一大型蓄水池，个人出资建小蓄水池，再从大蓄水池引水到小蓄水池，通过这种连环池、子母池的方式，将山泉引向农田，实现自流灌溉。

（二）水平采集工程

水平采集工程为埋于地下的水平集水廊道，适用于开采水位埋藏较浅、含水层厚度不大的冲洪积层和残坡积层孔隙水。大多数垂直河谷或沟谷布设，少数平行河谷或沟通谷布设，也有两个方向组合的，以最大限度地截取河床底部和岸边冲积层地下水及沟谷底部风化层地下水。开挖深度根据当地的水文地质条件确定，一般为1~3m。基岩山区沟谷廊道井一般不需要衬砌，开挖深度相对较浅，主要截取沟谷底部潜流（图3-10）。

图3-10 廊道井

河谷廊道井施工相对复杂，一般需要衬砌或埋入花管，外设较厚的反滤层，以防止井内流淤积。

（三）混合采集工程

混合采集工程主要包括辐射井和母子井。

(1) 辐射井：辐射井由竖井和若干水平集水管组成。水平集水管在竖井的下部穿入井壁含水层中，呈辐射状分布，故称辐射井。辐射井的水平集水管一般用 50~150mm 穿孔钢管，管长 2~30m 不等。大量事实证明，辐射井在弱含水层中能有效地增加井的出水能力。

辐射井按地下水补给条件和所处位置可分为河底型、河岸型、河间型和基岩型。

河底型：集水井位于河岸而辐射管钻入河床底部。

河岸型：集水井和辐射管均位于河岸，辐射管平行河谷布设。

河间型：井的位置远离河流，主要集取河间地块松散岩层中的潜水。

基岩型：位于基岩区弱含水层中，通过布设水平辐射管增加井的出水量。

(2) 母子井：母子井由若干竖井和水平集水管组成，即用一根水平集水管将若干竖井和一个大井相连接，形成一个井组，大井称为母井，小井称为子井，一个母井往往与多个子井相连，故称母子井。该取水方式与廊道井较为相近，适宜于山间河谷地带，开采第四系孔隙水，一般垂直河谷布设，靠近岸边设一个大井，沿河谷设 5~10 个小井，既方便抽水设备的安装，又能最大限度地截取潜流。例如，山东青岛自来水公司沿大沽河河谷中下游地段布设了若干组母子井，取得了较好的供水效果。

四、其他开发利用方式

全国小水源建设灵活多样，除采取有效措施开发利用雨水、地表水、地下水外，还积极利用一切可用水源及适宜地形地质条件开发小水源。开发的主要形式有工矿弃水利用、洼地利用、污水处理回用、海水淡化等。

（一）工矿弃水利用

工业弃水和矿坑排水大多可以直接利用，在工业弃水和矿坑排水利用方面全国有许多成功经验和先进典型。

例如，山东淄博临淄区金岭回族镇是山东省七个民族乡镇之一，也是淄博市唯一的民族镇。全镇面积 18.7km^2，耕地面积 533hm^2，人口 1.4 万人，有 9 个行政村。齐鲁石化公司坐落于金岭南部山区。近 20 年来，由于齐鲁石化等单位大量开采地下水，加上持续干旱，致使全镇 120 眼深机井几乎全部报废。灌溉成本成倍增加，农民负担越来越重。亩次灌水成本由 20 世纪 80 年代初的不足 10 元上升到现在的 30~40 元。水的问题已严重制约了当地工农业的发展。为从根本上解决该镇的工农业用水问题，区水利部门组织技术人员对镇境内水资源进行了勘测分析，针对该镇工矿企业集中、工矿排水较多的现状，提出了引、蓄、节水灌溉一体化的水资源综合开发利用整体规划。自 1998 年开始，金岭回族镇通过积极探索水利工程投资机制，深化小型水利工程改革，形成了个人、企业、集体多元化投资办水利和农业综合节水的新格局。在两年时间内，集体投入资金 150 万元，修建了两条共 8km 的引水管道和 4 处引水闸，以此引导个人投资 720 万元，建成了 6 处总容积 70 万 m^3 的蓄水池，年可拦蓄工矿水（主要为乙烯热电厂循环水）和地面径流水 160 多万 m^3，并实现了蓄水工程与万亩喷灌工程相联网。同时，镇里还配套建设了大棚蔬菜滴灌工程近千亩，有力地促进了镇农业结构调整的步伐。

（二）洼地利用

废弃矿坑窑坑和高速公路两侧的沟壕等洼地是非常好的蓄水场地，长期闲置是一种极大的浪费。充分利用闲置洼地蓄水，不仅可以积蓄大量的抗旱水源，而且可以发展养殖和旅游。

第三节 水的节约

一、农村生活节水

（一）生活节水管理

居民生活用水为居民在家中的日常生活用水，包括居民的饮用、烹调、洗涤、清洁、冲厕、洗澡等用水。生活用水应从以下几方面加强管理：

1. 提高人们的节约用水意识

水在人类生产生活中的不可替代性，大家都有不同程度的感受和认识，但对水的有限性和日益严重的供求矛盾，开发利用的艰辛和投入的巨大消耗，以及由于水的短缺所引发的一系列社会、环境、经济恶果，未必人所共知。这就需要通过各种形式向全社会宣传，全面树立水荒意识，把"节约用水、人人有责"融合到每个人的行动中。使人们认识到我国已是贫水国，水不是取之不尽、用之不竭的，生活中的"自来水"不是自来的，一旦发生某种程度的水短缺，将是不堪设想的灾难。节约用水利在当代、功在千秋。

2. 装表计量、计划供水

生活用水实行装表计量、定额考核、计划供水、超额累进加价收费、节约受奖，是推进合理用水、节约用水的有效办法。根据我国大量资料统计，仅实行装表计量、取消包费制及变相低价用水后，一般节水在20%~40%，有的仅为原用水量的1/4~1/8，若将水价提高10%，家庭用水量会降低7%。同样，据OECD1987年统计，生活用水按实际水量计费时，节约用水10%~30%，城市用水峰值系数下降30%~50%，效果非常明显。其主要原因还不在于人们拿了多少钱购水，而是使大家认清了责任。

3. 大力推广应用节水型卫生洁具

研制推广应用节水型卫生洁具，发达国家早在20世纪60年代就已很重视。普遍使用低冲水量和大小便分档次冲洗的卫生洁具。近年来，我国针对老式卫生洁具存在的耗水量大、噪声大及漏水严重的现象，不仅研制出了更新换代产品，而且以各种规章制度的形式大力推进其应用步伐。

1986年7月，北京市政管理委员会发出《关于在全市普遍推广使用节水皮钱的通知》。1987年底，国家计委、国家经委、城乡建设部、轻工业部、国家建筑材料工业局联合发出《关于改造城市房屋卫生洁具的通知》。1988年国家建筑材料工业局、建设部联合发出《关于淘汰坐便器老式低箱配件推荐新产品的通知》。1991年国家计委、国家建筑材料工业局、建设部、轻工业部、商业部、国家技术监督管理局又联合发布《关于推广应用新型房屋卫生洁具和配件的规定》。1992年建设部又进一步以十七号令发布了《城市房屋便器水箱应用监督管理办法》。上述节水器具的推广应用，在全国均取得了很大的节水成效，例如从1986年到1988年，北京全市改装节水皮钱97.48万支，采用各种节水器具25.19万套（件），仅1987、1988两年全市器具节水量达426万m^3之多。

4. 建立合理的水价体系

生活用水的价格，涉及的面较广，政策性较强，既要考虑在水源、供水、排水方面的投入，又要照顾城乡人民生活用水的稳定需要。同时，对商业性用水必须按照利益共享原则进行定价。所以，制定用水价格时，需根据各行各业的用水目的、用水量，以及所产生的社会、经济效益和生态环境影响情况，制定出一个切合当地实情的用水价格体系。

环境绿化、卫生等用水应鼓励用低质水，并采取相应的低收费，若用水水质为饮用水时不宜照顾。

但应看到，我国多数地区（包括某些严重缺水的城市），生活用水价格与供水成本是倒挂的。目前，全国平均公共供水售水单价0.31元/m^3，山东生活水平均售价0.50元/m^3，水费仅占我国居民费用不足0.5%。其结果是供水者无利，用水者不珍惜，需水缺口越来越大，节约用水的政策和技术措施难以贯彻。

（二）**生活节水技术**

节约生活用水，无论是居民日常生活用水、公共服务设施用水，还是环境绿化用水，研制推广应用节水型的用水器具是非常重要的，它能从根本上抑制或消除不合理用水。

生活用水的常用设备有水龙头、淋浴器、浴盆、洗衣机、厕所冲洗水箱等，节水的措施是对这些设备进行改造或重新研制开发使用新产品，做到既不影响用水设备的正常功能，又能达到节约用水的目的。

1. 盥洗、淋浴卫生洁具

盥洗、淋浴主要节水环节是龙头、阀门。传统龙头使用普遍存在流量大、水花飞溅、水的有效利用率低，经一段时间使用后还会出现失灵漏水等现象，加之用后不及时关闭（停水和间断性洪水尤易发生），浪费水严重；淋浴在使用截止阀控制启闭和调节水温时，水的浪费亦较大。

2. 节水型厕所用卫生洁具

生活用水中的住宅和办公楼等冲洗卫生间设备的用水，约占城市用水的20%左右，家庭用水中厕所冲洗用水约占1/3。我国的一般旧式卫生洁具有高低位水箱、阀门等，水箱的容量多为20~30L。冲洗一次并不需要这么多水，一般8L左右，甚至更低即可，国内已研制出一系列新型的水箱和便器，有的水箱放水开关分为两档，需多冲水时1次放水7~8L，少冲水时3~5l。国外推行节水型设备时，使抽水马桶的用水量从每次13L降至9L到6L，更少的有4.5L。其主要要求是各种卫生设备材料不吸水、不透水，内表面光滑易于清洗，造型满足布水均匀、进水猛、冲力大、排放快等特点。

二、工业用水

工业节约用水的技术途径，主要指在工业用水中采用节水型的工艺、技术和设备设施。要求对新建和改建的企业实行采用先进合理的用水设备和工艺，并与主体工程同时设计、同时施工、同时投产的基本原则，严禁采用耗水量大、用水效率低的设备和工艺流程；对其他企业中的高耗水型设备、工艺，通过技术改造，实现合理节约用水的目的。

（一）冷却水的重复利用

工业生产用水中以冷却用水量最多，占工业用水总量的

70%左右。从理论和实践中知,重复循环利用水量越多,冷却用水冷却效率越高,需要补充的新水量就越少,外排废污水量也相应地减少。所以,冷却水重复循环利用,提高其循环利用率,是工业生产用水中一条节水减污的重要途径。

在工厂推行冷却塔和其他制冷技术,可使大量的冷却水得到重复利用,并且投资少、见效快。冷却塔和冷却池的作用是将带有大量工业生产过程中多余热量的冷却水,迅速降温,并循环重复利用,减少冷却用水系统补充低温新水的要求,从而获得既满足设备和工艺对温度条件的控制,又减少了新水用量的效果。

(二)闭路循环用水技术

生产过程中,以一个工段或一个车间,一个工厂乃至一个区域组成一个用水、排水闭路系统,把系统内在生产过程中使用过的水,经过适当处理后全部回用到原来的生产过程或其他生产过程中,只需补充少量的新水,或经处理后的水,不排放或极少排放废水,这样的用水系统称为闭路循环用水系统。

用水系统实现闭路循环应注意两方面问题。一是系统用水工艺的排水量要少于或等于用水工序的用水量,要满足这个条件,必须做到清浊分流,把未被污染的水(如间接冷却水)和污染的水(如直接冷却水)严格分开,把不同污染程度的水(如洗涤各工段的水)区分开;使生产用水和非生产用水严格分开。要控制自然降雨进入循环水系统,这在多雨地区应十分重视。系统内部损失水量和消耗水量可根据生产对水质的要求和实际情况,用新水或经处理过的水补充。其次,水质要满足生产工艺要求。生产工艺排出的废水中,所含的污染物种类繁多,往往要根据工艺对水质的要求和不影响产品质量,对污染物进行适当处理,实现闭路循环用水。

目前工业生产中多对冷却水、洗涤水、空调喷淋水等实行闭路循环用水技术。

(三)逆流洗涤技术

工业生产过程中,对原材料、原料、半成品等的洗涤需用大量的水，如造纸、电镀、印染、纺织、机械等行业，其用水特点不仅是用水多、消耗小，主要是污染重，对环境危害甚大。所以，应多采用减少用水量、提高污废水处理回用率的方法。逆流洗涤或逆流洗涤闭路循环用水系统就是行之有效的技术工艺措施。

逆流洗涤在工艺流程设计时，使洁净的水只用于污染程度较轻、对水质要求较高的生产工序，然后依次用于污染程度稍高、水质要求稍低的生产工序，水流流动方向与被洗物体的运动方向呈逆向，故称之为逆流洗涤。根据污废水的水质状况、工艺生产要求、技术及经济能力，对最后工序排出的污废水进行相应的水质处理，并尽量达到重复应用的水质要求。有时亦需在洗涤过程中的中间环节进行调质或简单处理，实现洗涤用水的逆流洗涤或闭路循环逆流洗涤。若最后排出的污废水不能进一步使用，也应根据国家对有关工业企业污废水的排放标准执行，不得对环境产生有害的作用。一般讲，采用逆流洗涤可节水 30%~40%，且工艺投资省、技术简单、易于推广应用。

例如，水洗是印染行业中不可缺少且反复运用的一道加工工序，它由水洗机来完成。利用清水不断与织物上的污物进行交换，使污物逐渐溶解、脱落或扩散于水中而被清除掉。织物的退浆、煮炼、漂白、染色、印花等工序一般都要经过水洗，以清除织物上的各种杂质和化学沾染物（即织物上的浮色和浆料），或通过水洗达到中和、显色、氧化、皂煮等化学处理目的。所以，需要水洗的生产工序较多，若采取各生产工序单独进行水洗，不仅耗水量大，而且给污废水的处理带来较大困难，工艺流程相应也较复杂。采用逆流洗涤技术，就能解决上述问题。

（四）串级联合用水措施

不同行业和生产企业，以及企业内多道生产工序，对用水水质、水温常常有不同的要求，可根据实际生产情况，实行分质供水、串级联合用水等一水多用的循序用水技术。即两个或两个不同的用水环节用直流系统连接起来，有的可用中间的提升或处理工序分开，一般是下一个环节的用水不如上一个环节用水对水质、水温的要求高，从而达到一水多用，节约用水的目的。

串级联合用水的形成，可以是厂内实行循环分质用水，也可以是厂际间实行分质联合用水。厂际间实行分质联合用水，主要是指甲工厂或其某些工序的排水，若符合乙工厂的用水水质要求，可实行串级联合用水，以达到节约用水和降低生产成本的目的。

（五）污废水处理回用

工业生产过程中的工艺用水，不仅用水量大，而且污染重，若直接排放，不仅浪费水还会对环境产生严重危害。国标《城镇污水处理厂污染物排放标准》（GB 18918—2002）对含有汞、镉、铬、砷、铅、镍、苯、石油类等有害物质的污水，要求不分行业和污水排放方式，也不分受纳水体的功能类别，一律在车间或车间排放出口取样，并规定了相应的最高允许排放浓度。所以，处理和重复利用这部分水，不仅在节水意义上十分重要，在保护生态环境方面也非常必要，具有节水减污的双重意义。

生产用污废水应根据污废水中含有污染物质的种类、性质和数量，以及生产工序各环节对水质的要求，有的可不经处理亦能满足直接回用的要求，有的需根据水质状况采取相应的水处理措施，才可能达到有效的重复利用。

据有关材料报导，目前全国污废水排放量在 620 亿 t 以上，其中工业废水占 66%，而 80% 以上废水是没经处理直接排放到江、湖、河、海的，使水体受到严重污染，年经济损失达 465 亿元左右。所以，重复应用这部分水不仅是缓解当前供水矛盾的需要，更是维系生态良性状态的必然要求。

（六）改革用水设备

改革用水设备系指对原有用水设备进行技术改造，达到节约用水的目的。例如用压力喷淋代替重力漂洗，一般可节水 20%~30%。

（七）汽化冷却系统

采用汽化冷却工艺代替水冷却工艺，对高温冷却来说是一项十分有前途的冷却新技术。1kg 水汽化成蒸汽可带走 60 万 cal（1cal＝4.1868J，下同）的热量，而水冷时 1kg 水只能带走 2 万 cal 的热量，所以汽化冷却的优点是节水、减污，用水量仅为水冷却时的 1.0%～3.0%，运行费用低，废热可以利用，经济性能好。

汽化冷却用于冶金行业诸如高炉、平炉、转炉、各种加热炉的炉体冷却，汽化比水冷节水 90% 以上，节电 90%，节省基建费 90%。

另据计算，对一个年产 400 万 t 钢的企业，全部采用汽化冷却工艺后，每年可节约新水量 1.0 亿 m^3，节电 4000 万 kW·h。若我国钢铁企业能全部推广应用该技术，每年能回收蒸汽约 1.0 亿 t，节煤 1000 万 t，此冷却技术比大气冷凝器可少用水 96%。

加拿大某些石油炼油厂，因 90%～100% 采用汽化冷却技术，使每吨炼油取用新水量降至 $0.2m^3$。因此，汽化冷却技术在钢铁制造、冶炼、石油生产提炼等行业中，得到广泛应用。可以说，汽化冷却是一项节约用水又能回收能源的新技术。

（八）空气冷却系统

空气冷却系统是指用空气热交换设备替代水冷的冷却系统。其优点是用新水量极少，约为水冷系统的 10%，并且基本上可省去水冷的一切设备。管理费用只有水冷的 1/4，但该系统初期投资较高。

（九）人工制冷技术

人工制冷技术的主要措施是使用一种制冷剂，从较低温度物体连续地或间接地吸热，从而得到比天然温度低得多的冷源，以此代替冷却水作为冷源，从而大大地减少了水的用量。

人工制冷技术因制冷剂和设备的不同，可分为蒸汽压缩式、蒸汽喷射式和吸热式三种。其主要冷却设备有制冷压缩机、冷凝器、过冷器等。各种形式的制冷措施需要一定数量的水作为冷却介质，带走制冷过程中多余的热量。经过冷却设备排出的水，仅温度升高，水质未受污染。如果将制冷设备与冷却塔联用，实现用水闭路循环，需给系统补充的新水量就更少了。例如，在纺织行业空调用水可节约95%以上的新水用量。

工业节约用水的技术措施，主要是采用技术上可行、经济实用、对环境不产生危害的少用水或不用水新设备、新工艺。除上述综合介绍的工业生产节约用水技术措施外，生产中还应用诸如干法清洗代替湿法清洗；锅炉除尘采用干式除尘，如布袋除尘、静电除尘等；纺织工业近年来大力研究非水或少水印染工艺，如溶漂染、溶剂染色、气相染色、光漂白工艺、微泡沫印染和干热染色等；炼焦工业采用干洗熄焦代替湿法熄焦，具有节约用水，控制环境水汽污染，回收能量，提高焦炭质量等特点。所以，节约工业生产用水的各类方法较多，关键是提高节约用水的认识，积极主动走节水减污，提高用水综合效益的道路，从根本上解决合理用水问题。

三、农业用水

农业节水是从水源到田间，从土壤到作物的综合节水技术的应用，涉及水利、农业、材料、经济、政策、管理等多方面的内容，是多学科、多技术的高度集成，是一个完整的体系。包括农学范畴节水（作物生理需水、农田十分调控），灌溉范畴节水（灌溉工程、灌溉技术）和农业管理节水（政策、规划、体制）等。总之，农业节水主要包括水资源的合理开发利用、工程节水、农艺节水及管理节水四大部分。

（一）农业节水的技术体系

1. 合理开发利用水资源

降水、地表水、地下水是密切联系并互相转化的水循环整体。自然降水的有效利用，是实现农业高效用水的重要环节。通过调蓄措施充分利用降水，因地制宜的建立不同类型的地上、地下水库。地表水、地下水联合运用是水资源合理开发利用优化配置的方向。合理调控地下水埋深，统一旱涝、灌排、采补之间的矛盾。井渠结合的灌溉方式是实现地表水、地下水联合运用的有效方式。

2. 工程节水

工程节水指从水源到田间的输水节水工程技术及进入田间后灌溉作物的灌溉节水技术。灌溉用水损失的主要部分是输水系统的损失。减少渠系渗漏的主要方法是实施渠道防渗，采取低压管道输水，地面管带输水。灌溉节水技术主要是田间合理沟、畦灌水技术，喷灌、微灌、低压喷灌技术等。

3. 农艺节水技术

节水农艺技术是实施产出节水的关键。灌溉用水的大部分在田间消耗，采用综合的农艺节水，减少土壤水分的蒸发和作物的奢侈蒸腾，提高作物水分利用效率是节水农业的主要目的。

4. 管理节水技术

灌溉节水潜力50%在于管理，只有科学的管理才能使工程节水技术、农业节水技术紧密结合。节水管理包括节水管理组织建设，节水政策与运行机制，节水运行管理技术等，节水政策与法规是对农业用水的约束机制，是鼓励农业节水发展的必要保证。

（二）农业节水工程

农业节水工程主要包括渠道防渗技术、管道输水灌溉技术、喷灌和微灌技术、田间地面灌溉技术及自动化控制灌溉系统等。

1. 大中型灌区续建配套改造的输水工程

渠道衬砌是改造的主要工程之一，要选择适当的衬砌形式，降低衬砌造价，重视渠系的科学布局，合理确定干、支、斗渠的间距。采用合理的结构型式及防渗措施。支渠以下采用钢筋混凝土衬砌还是采用管道输水，应因地制宜，具体分析。

2. 管道输水灌溉工程

管道输水灌溉工程投资低，管理方便，群众便于接受，在水库灌区利用自压水头采用管道输水灌溉是节水工程中的有效措施。自压管道工程从支渠以下为宜，将原灌溉支渠以下土渠进行改造，充分利用原有水头，实现自压管道输水灌溉。对于井灌区宜采用低压管道输水，在工程中要注意给水栓的保护，要方便使用，降低造价，结合井灌区畦田改造，采用闸管系统。

3. 田间工程改造

建设标准畦田，激光整平土地，完善田间灌排配套工程。畦灌是井灌区目前灌溉的主要形式。畦田的适宜长宽与单井出水量大小、土壤质地、畦田平整状况、田面坡降及灌水定额有密切关系。适宜的畦田规格田间水利用系数可达0.90以上。激光平整土地在平原地区应大面积推广。

4. 喷灌技术和微灌技术

发展喷灌技术应当因地制宜，慎重对待。平原井灌区不同于山丘区，地形比较平坦、畦灌具有优越性。喷灌目前有移动式、半固定式、固定式、卷盘式等。针对果树和蔬菜宜采用微灌技术。

（三）农艺节水

农艺节水主要包括耕作保墒、覆盖保墒、植物抗旱剂、作物布局调整及抗旱新品种应用等。在水资源紧缺地区更要重视农艺节水，调整作物结构，选用耐旱品种，减少耗水量大的作物种植面积。

1. 耕作保墒措施

采用深耕松土、镇压、耙耱保墒，中耕除草，改善土壤结构等耕作方法。可以疏松土壤，增大活土层，增强雨水入渗速度和入渗量，减少降雨径流损失，切断毛细管，减少土壤水分蒸发，使土壤水的利用效率显著提高。根据天然降雨的季节分布情况，为了使降雨最大限度的蓄于"土壤水库"中，尽量减少农田径流损失，需要采取适宜的耕作措施，同时提高灌溉用水的田间利用率。

2. 覆盖保墒措施

农田覆盖是一项人工调控土壤——作物间水分条件的节水技术,是降低水分无效蒸发,提高用水效率的有效措施之一,也是当前世界上干旱和半干旱地区广泛推广的一项保墒措施。利用覆盖技术可以抑制土壤水分蒸发,减少地表径流,蓄水保墒,提高地温,培肥地力,改善土壤物理性状,抑制杂草和病虫害,促进作物的生长发育,提高水的利用效率。

3. 保水剂措施

提高土壤吸水能力,增加土壤含水量;增强土壤保水能力,降低土壤水分蒸发量和土壤水分渗透速度;改善土壤结构,提高土壤保肥能力。

4. 水肥耦合技术

以肥、水、作物产量为核心的耦合模型和技术,合理施肥,培肥地力,以肥调水,以水促肥,充分发挥水肥协同效应和激励机制,提高抗旱能力和水分利用效率,对提高作物的产量和品质,起着关键的作用,我国未来发展高效精准农业,无土栽培农业,农业工厂化生产,水肥耦合技术是关键和核心技术。

随着农业现代化的建设,灌溉自动化已经成为精准农业发展的重要组成部分,水肥耦合技术将根据不同的作物、不同的生长阶段需要的水分和养分,进行自动控制,成为城市、近郊发展蔬菜、花卉以及其他高效经济作物的重要技术保障。

5. 化学制剂调控节水技术

化学制剂控制作物蒸腾的目的是:保持供应作物的水分不过度消耗;改善作物的水分状况,不使作物受水分胁迫的危害;不影响光合作用的物质积累;提高产量和 WUE。

(四) 管理节水

1. 合理配置农业水资源

地表水、地下水联合调度是实现农业水资源优化配置的关键。在流域中上游应发展井灌,充分开发利用中上游的浅层地下水资源;对上游骨干渠道衬砌,提高输水效率,将上游水通过深沟向下游及边缘地区进行补源；实现以井保丰，以河补源，上游农田灌溉增打新井，主要利用地下水。下游井灌采用科学用水，结合农艺节水措施，控制地下水开采。采取工程节水、农艺节水，管理节水相结合的方式。

2. 灌溉制度

灌溉制度是作物的灌水时间、灌水次数、灌水定额、灌溉定额的总和。确定作物合理的节水灌溉制度，对于计划用水、科学配水和提供灌水决策至关重要。节水灌溉制度是把有限的灌溉水量在作物生育期内进行最优分配的过程，节水灌溉制度是节水灌溉管理技术的重要组成部分，是一种非工程节水的措施。

3. 农业节水的现代化管理

随着电子技术、计算机技术的发展，应用半自动和自动量水装置，可大幅度提高灌区的量水效率和量水精度。应当加快推广现代化的测水量水技术，真正实现计划供水、按方收费，促进农民节约用水。利用现代化自动控制技术，可以对灌区气象、水文、土壤、作物状况等数据进行及时的采集、储存、处理，编制适合作物需水状况的短期灌溉用水计划，及时作出来水预报及灌溉预报。可以迅速修正用水计划，并通过安装在灌溉系统上的测量和控制用水量，实现按计划配水，实现水资源的合理配置和灌溉系统的优化调度，使有限的水资源获得最大的经济效益。

第四章 农村排水工程与管理

第一节 概 述

一、农村排水的意义及特点

(一) 农村排水的意义

农村排水工程是乡村基础设施的重要组成部分。它的完善程度反映了我国农村城镇化的水平。随着农村经济的发展，排水事业也开始起步。党的十六届五中全会通过的《中共中央关于制定国民经济和社会发展第十一个五年规划的建议》指出："加强村庄规划和人居环境治理。引导和帮助农民切实解决住宅与畜禽圈舍混杂问题，搞好农村污水、垃圾治理，改善农村环境卫生。"因此，推动农村排水事业的发展，对于控制水体、保护环境，保障广大农村居民的身心健康，促进农村工农业生产的发展，具有重大的现实意义。

(二) 农村排水的特点

农村排水与城市排水有相同之处，但也有自己的特点。

(1) 我国各地农村经济发展很不平衡，而且财力有限，因此，农村排水只能按照当地的实际情况，因地制宜，分期分批建设，逐步普及和完善。

(2) 我国农村居民居住点分散，村镇企业的布置分散，所以农村排水规模小且分散，要考虑进行分散式处理。

(3) 在同一居住点上，大多数居民都从事同一生产活动，生活规律也较一致，所以排水时间相对集中，污水量变化较大。

(4) 污水处理系统应适合农村的特点，尽量利用现有的坑塘洼地，有条件的最好采用氧化塘或土地处理系统，进行生态综合利用。

农村排水工程建设应以批准的村镇规划为主要依据,从全局出发,根据规划年限、工程规模、经济效益和环境效益,正确处理近期与远期、集中与分散、排放与利用的关系,充分利用现有条件和设施,因地制宜地选择投资较少、管理简单、运行费用较低的排水技术,做到保护环境,节约土地,经济合理,安全可靠。

二、农村给水排水建设的重点

目前,中国绝大多数村庄没有排水系统,污水直接排到路上或者沟渠里;绝大多数村庄没有垃圾收集系统,更不用说处理了。"十五"期间,农村卫生厕所普及率由2000年的44.8%提高到2004年的53.1%,粪便无害化处理率只有49.5%。新农村给排水问题的战略定位非常关键,直接影响着建设的最终成效。

(一)农村排水问题的重点

农村排水问题的重心首先解决卫生问题,其次是与城乡发展相关的环境问题,这两个问题需要协同来考虑。有关机构曾经对全国农村的污染负荷进行调查,结果显示,农村的污染负荷占全国的20%~60%之间,平均为40%左右。从关系农村卫生的生活污水这一单独环节来看,如果卫生系统采用旱厕,污染负荷不会超过2%~3%。但从目前农村卫生厕所的普及率和发展速度看,改善卫生系统之后增加的污染也成为下一步的工作重点。

(二)给水问题的重点

农村供水问题分为三个层次:第一是"饮水解困",解决有水喝的问题;第二是"饮水安全",解决水量、水质问题,提供清洁饮用水;第三是"饮水方便",解决饮用方便的自来水的问题。尤其需要解决前两个层次的问题。

三、农村水污染控制的几个关键问题

(一)简单分散技术的适用性

在具体的技术选择上,简单、分散处理技术成为目前落后贫困地区村镇生活污水污染控制的首选。尽管集中式给水排水系统拥有诸多成本优势，但就农村而言，若对给水排水管道系统的建设和维护费用也加以系统考虑，集中式系统就难以保持成本优势。如果参照城市的标准建设农村排水管网，其费用差不多比处理系统建设费用高一个数量级。

20世纪70年代，厌氧技术、自然生态处理等简单的和分散的排水和污水处理系统受到国内外专家的青睐。从目前的发展情况来看，这些处理方式在技术上可行，如果使用得当，可以在村镇污染控制上得到有效应用。

(二)"水冲厕"问题关系新农村建设水污染控制的成败

"水冲厕"是指同城市一样采用自来水进行冲刷厕所的方式，它是城市卫生水平提高的重要标志。有观点认为，自来水一通，城市的文明就可以惠及农村，就应该马上让农民享受"城市的待遇"——使用冲水马桶。

根据我国农村的实际情况，在没有配套完整的下水道系统（包括集中处理厂）建设的前提下，农村不适宜建设水冲厕所。有三个方面的原因：

首先，后续下水系统如果没有配套完成，必然会造成污水肆意排放，加上水冲厕会造成污水量的快速加大和扩散。

其次，在中国广大的农村内全面推行水冲厕，将极大地提高水资源的需求，如果收费制约体制未完善，将造成水资源的浪费问题，使本来已经十分紧张的中国水资源问题雪上加霜。

再有，替代"水冲厕"的技术选择也非常多，比如源分离技术等，这些选择都在农村得到了很好的试验。即便在一些发达国家也有实行旱厕的地区。

(三) 源分离技术成为解决新农村建设排水问题的突破口

建筑给水排水中的水按照水质可以形象地划分为白水、灰水和黑水，自来水称为白水，灰水是指淋浴过和洗涤过的水，而含有粪便等的废水称为黑水。

生活污水中营养物质的绝大部分集中在黑水中，特别是小便废水中。从污水构成来看，灰水的数量占99%，而COD、N、P、K的指标分别只占41%、5.6%、20%、34%；尽管尿和粪便的数量只占1%左右，但COD、N、P、K指标的贡献却占59%、94.4%、80%、66%。水质和水量两者的强烈反差成为黑水和灰水源分离的依据。因此，实现黑水与灰水、或进一步的小便水（作为制药和化肥原料）分离，可以让粪便回田，而灰水与初期雨水可以通过物理或生态工程（如湿地）共同处理，这样不仅可以较好实现物质循环，而且由于雨污混合减少庞大的管网投资和繁琐的生物处理过程。

常见的源分离技术有粪便（黑水）与洗涤（灰水）的分离，黑水采用厌氧沼气池或沼气化粪池处理，灰水通过人工或自然处理后回用。沼气池对于解决不发达地区或欠发达地区的水污染（包括人畜粪便、农副产品和有机垃圾）具有重要意义，是分散处理控制污染的一种很好的形式。2004年底，全国户用沼气已达到1541万户，全国当前有1.46亿户农民适宜建设沼气池。2006年国家投入国债资金25亿，用于农村沼气建设。粪、尿分离源分离式生态厕所最早起源于中国的农村旱厕，经过科学发展的技术，通过有机物（厨余）源分离和粪便堆肥回收利用，尿液作为肥料利用，灰水处理和回用。

源分离技术的应用不仅可以缓解或解决"水冲厕"的卫生问题，还可以为后续水污染控制带来一系列的便利，使农村水污染控制的问题难度降低。分离后灰水处理系统可以利用人工或自然湿地处理系统，例如庭院式、街边式、景观式污水生态处理系统等。

四、农村排水体制确定

对生活污水、生产污水和降水所采取的排除方式，称为排水体制，也称排水制度。农村排水体制应根据农村总体规划、环境保护要求、当地自然条件和废水受纳体条件、污水量和其水质及原有排水设施等情况，经技术经济比较确定。按排水方式，一般可分为分流制和合流制两种。农村排水体制原则上一般宜选分流制；经济发展一般地区和欠发达地区村镇近期或远期可采用不完全分流制，有条件时宜过渡到完全分流制；其中条件适宜或特殊地区农村宜采用截流式合流制，并应在污水排入系统前采用化粪池、生活污水净化沼气池等方法进行预处理。

（一）分流制

用管道分别收集雨水和污水，各自单独成为一个系统。污水管道系统专门排生活污水和生产污水（畜禽污水），雨水管渠系统专门排不经处理的雨水，如图 4-1 所示。

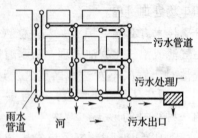

图 4-1　分流制排水系统示意图

（二）合流制

只埋设单一的管道系统来排除生活污水、生产污水和雨水，如图 4-2 所示。

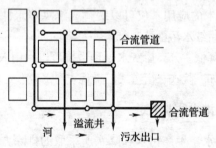

图 4-2　合流制排水系统示意图

如何合理地选择排水体制，是农村排水系统规划中一个十分重要的问题，它关系到农村排水系统是否经济实用，能否满足环境保护的要求，同时也影响维护管理和施工。一般农村，宜采用分流制,用管道排除污水,用明渠排除雨水。这样可分别处理,分期建设,又比较经济适用。

第二节 农村排水设施

一、农村雨污排水形式

(一)农村排水管渠布置

农村排水管渠的布置,根据农村的格局、地形情况等因素,可采用贯穿式、低边式或截留式。雨水应充分利用地面径流和沟渠排除,污水通过管道或暗渠排放;雨、污水均应尽量考虑自流排水。

1. 农村排水管渠设计

(1)有条件的村庄可用管道收集、排放生活污水。

1)排污管道管材可根据地方实际选择混凝土管、陶土管、塑料管等多种材料。

2)污水管道依据地形坡度铺设,坡度不应小于0.3%,以满足污水重力自流的要求。污水管道应埋深在冻土层以下,并与建筑外墙、树木中心间隔1.5m以上。

3)污水管道铺设应尽量避免穿越场地,避免与沟渠铁路等障碍物交叉,并应设置检查井。

4)污水量以村庄生活总用水量的70%计算,根据人口数和污水总量,估算所需管径,最小管径不小于150mm。

(2)农村排水管渠最大允许充满度应满足表4-1要求。

排水管渠最大允许设计充满度　　　　表4-1

管径或渠高(mm)	最大设计充满度
200~300	0.55
350~450	0.65
500~900	0.70
≥1000	0.75

(3) 农村排水管渠设计流速:

1) 污水管道最小设计流速:当管径不大于500mm时,为0.9m/s;当管径大于500mm时,为0.8m/s;明渠为0.4m/s。

2) 污水管道最大允许流速:当采用金属管道时,最大允许流速为10m/s;非金属管为5m/s;明渠最大允许流速可按表4-2选用。

明渠最大允许流速　　　　　　　　　　表4-2

明渠类别	最大设计流速（m/s）
粗砂或低塑性粉质黏土	0.8
粉质黏土	1.0
黏土	1.2
草皮护面	1.6
干砌块石	2.0
浆砌块石或浆砌砖	3.0
石灰岩和中砂岩	4.0
混凝土	4.0

注:当水流深度在0.4~1.0m范围以外时,表列最大设计流速宜乘以下列系数:h<0.4m时,取0.85;1.0m<h<2.0m时,取1.25;h≥2.0m时,取1.40。其中,h为水深。

3) 排水管渠流速计算,可按下式进行计算:

$$V = \frac{1}{n}R^{2/3}I^{1/2} \quad (4-1)$$

式中　V——流速（m/s）;

　　　n——粗糙系数,按表4-3选用;

　　　R——水力半径;

　　　I——水力坡降。

管渠粗糙系数　　　　　　　　　　表4-3

管渠类别	粗糙系数 n	管渠类别	粗糙系数 n
塑料管、玻璃钢管	0.009~0.011	浆砌砖渠道	0.015
石棉水泥管、钢管	0.012	浆砌块石渠道	0.017

续表

管渠类别	粗糙系数 n	D 管渠类别	粗糙系数 n
陶土管、铸铁管	0.013	干砌块石渠道	0.020~0.025
混凝土管、水泥砂浆抹面渠道	0.013~0.014	土明渠（包括带草皮）	0.025~0.030

（4）农村排水管渠的最小尺寸。

1）建筑物出户管直径为125mm，街坊内和单位大院内为150mm，街道下为200mm。

2）排水渠道水量小时底宽不得小于0.3m。

（5）农村排水管渠的最小坡度。当充满度为0.5时，排水管道应满足表4-4规定的最小坡度。

不同管径的最小坡度　　　　　表4-4

直径（mm）	最小坡度	直径（mm）	最小坡度
125	0.010	400	0.0025
150	0.002	500	0.002
200	0.004	600	0.0016
250	0.0035	700	0.0015
300	0.003	800	0.0012

（6）村庄雨水排放可根据农村的地形等实际情况采用明沟和暗渠方式。排水沟渠应充分结合地形以便雨水及时就近排入池塘、河流或湖泊等水体。

（7）排水沟的纵坡应不小于0.3%，排水沟渠的宽度及深度应根据各地降雨量确定，宽度不宜小于1500mm，深度不小于120mm。排水沟的断面形式如图4-3所示。

（8）排水沟渠砌筑，可根据各地实际情况选用混凝土或砖石、鹅卵石、条石等地方材料。

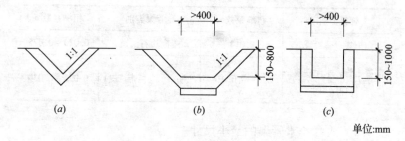

图 4-3　排水沟渠断面形式
(a) 三角沟；(b) 梯形沟；(c) 矩形沟

（9）应加强排水沟渠日常清理维护，防止生活垃圾、淤泥淤积堵塞，保证排水通畅，可结合排水沟渠砌筑形式进行沿沟绿化。

（10）南方多雨地区房屋四周宜设排水沟渠；北方地区房屋外墙外地面应设置散水，宽度不宜小于 0.5m，外墙勒脚高度不低于 0.45m，一般采用石材、水泥等材料砌筑；新疆等特殊干旱地区房屋四周可用黏土夯实排水。

2. 农村排水沟渠布置的原则

（1）应布置在排水区域内，地势较低，便于雨、污水汇集地带。

（2）宜沿规划道路敷设，并与道路中心线平行。

（3）在道路下的埋设位置应符合《城市工程管线综合规划规范》（GB 50289—1998）的规定。

（4）穿越河流、铁路、高速公路、地下建（构）筑物或其他障碍物时，应选择经济合理路线。

（5）截留式合流制的截留干管宜沿受纳水体岸边布置。

（6）排水管渠的布置要顺直，水流不要绕弯。

（7）排水沟断面尺寸的确定主要是依据排水量的大小及维修方便、堵塞物易清理的原则而定。通常情况下，户用排水明沟深、宽 20cm×30cm，暗沟为 30cm×30cm；分支明沟深、宽为

40cm×50cm，暗沟为50cm×50cm；主沟明暗沟深、宽均需50cm以上。为保证检查维修清理堵塞物，每隔30m和在主支汇合处设置一个口径大于50cm×50cm、深于沟底30cm以上的沉淀井或检查井。

（8）排水沟坡度的确定以确保水能及时排尽为原则，平原地带排水沟坡度一般不小于1%。

（9）无条件的村庄要按规划挖出水沟；有条件的要逐步建设永久沟，可以用砖砌筑、水泥砂浆抹面，也可以用毛石砌筑、水泥砂浆抹面。沟底垫不少于5cm厚的混凝土。条件优越的地方可用预制混凝土管或现浇混凝土。

3. 检查井

在排水管渠上必须设置检查井，检查井在直线管渠上的最大间距应按表4-5确定。

检查井直线最大距离　　　　　　表4-5

管渠类别	管径或暗渠净高 mm	最大间距 m
污水管道	<700	50
	700~1500	75
	>1500	120
雨水管渠和合流管渠	<700	75
	700~1500	125
	>1500	200

（二）农村排水受纳体

农村排水受纳体应包括江、河、湖、海和水库、运河等受纳水体和荒废地、劣质地、山地，以及受纳农业灌溉用水的农田等受纳土地。

污水受纳水体应满足其水域功能的环境保护要求，有足够的环境容量；雨水受纳水体应自足够的排泄能力或容量；受纳土地应具有足够的环境容量，符合环境保护和农业生产的要求。

二、污水排放设施材料

(一) 对排水管渠材料的要求

(1) 排水管渠必须具有足够的强度，以承受土壤压力及车辆行驶造成的外部荷载和内部压力以及在运输和施工过程中不致损坏。

(2) 排水管渠应有较好的抗渗性能。必须不透水，以防污水渗出和地下水渗入而破坏附近建筑物的基础，污染地下水及影响排水能力。

(3) 排水管渠应具有较好的抗冲刷、抗磨损及抗腐蚀能力，以使管渠经久耐用。

(4) 排水管渠应具有良好的水力条件，管内壁要光滑，以减少水流阻力，减少磨损，还应考虑就地取材，以降低施工费用等。

管渠材料的选择，应根据污水的性质、管道承受的内外压力、埋设地点的土质条件等因素确定。

常用排水管渠的材料有：混凝土、钢筋混凝土、石棉水泥、陶土、铸铁、塑料等。一般压力管道采用金属管或钢筋混凝土管；在施工条件较差或地震地区，重力流管道常采用陶土管、石棉水泥管、混凝土管及钢筋混凝土管、塑料管等。

(二) 常用的排水管

1. 混凝土管及钢筋混凝土管

混凝土管及钢筋混凝土管制作方便，造价较低，耗费钢材少，所以在室外排水中应用广泛。其主要缺点是：易被含酸、碱的废水侵蚀；重量较大，因而搬运不便；管节长度短，接口较多等。

2. 塑料排水管

管材有硬聚氯乙烯（PVC－U）、聚乙烯（PE）、聚丙烯（PP）和玻璃纤维增强塑料夹砂管（RPM）等。根据管壁结构形式有平壁管、加筋管、双壁波纹管、缠绕结构壁管及钢塑复合缠绕管等，分类见表4-6。

塑料排水管材类型 表 4-6

管材类型	管壁结构	生产工艺	接口形式	管径范（mm）
硬聚氯乙烯（PVC‑U）管材	双壁波纹管	挤出	承插式连接、橡胶圈密封	d_e160~1200
	加筋管	挤出	承插式连接、橡胶圈密封	d_i150~500
	平壁管	挤出	承插式连接、橡胶圈密封、粘结	d_e160~630
	钢塑复合缠绕管	缠绕	内套管粘结	d_i200~1200
聚乙烯（PE）管材	双壁波纹管	挤出	承插式连接、橡胶圈密封 双承口连接、橡胶圈密封	d_e160~1200 d_i150~1200
	缠绕结构壁管	缠绕	承插式连接、橡胶圈密封 双承口连接、橡胶圈密封 熔接（电熔、热熔、电焊） 卡箍、哈夫、法兰连接等	d_i150~1200
	钢塑复合缠绕管	缠绕	焊接、内套焊接、热熔等	d_i600~1200
	钢带增强螺旋波纹管	缠绕	焊接、内衬焊接、热熔等	d_i800~1200

注：1. d_e 指外径系列，d_i 指内径系列。

2. 最大管径至1200mm，若工程选用大于1200mm的管材时，应按有关规定另行设计。

硬聚氯乙烯（PVC‑U）管材。硬聚氯乙烯管材弯曲强度高、弯曲模量大，具有较高的抵抗外部荷载的能力。硬聚氯乙烯管材采用挤出工艺成型时，由于受原材料加工性能的限制，其管径一般都在 600mm 范围内；采用螺旋缠绕工艺生产的钢塑复合缠绕管最大管径可达 1200mm。

硬聚氯乙烯管材有平壁管、加筋管、双壁波纹管和钢塑复合缠绕管四种。

1）硬聚氯乙烯平壁管，如图 4-4 所示。具有较高的抗内压能力，由于管壁为实壁结构，同样等级的环刚度，其材料用量最高，常用于 $DN \leqslant 200$ 建筑小区排水工程。管材规格见表 4-7、表 4-8。

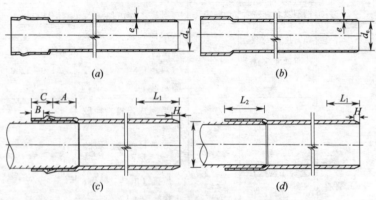

图 4-4　硬聚氯乙烯（PVC-U）平壁管
(a) 密封圈接口管材；(b) 胶黏剂接口管材；(c) 橡胶圈接口；(d) 胶黏剂接口

PVC-U 平壁管管材外径和壁厚　　　　表 4-7

公称外径 d_e	公称壁厚 e	
	环刚度 4kN/m²	环刚度 8kN/m²
160	4.00	4.70
200	4.90	5.90
250	6.20	7.30
315	7.70	9.20
400	9.80	11.70
500	12.30	14.60
630	15.40	18.40

表 4-8 橡胶圈接口承口和插口尺寸表

公称外径 d_e	承口				插口	
	d_{min}	A_{min}	B_{min}	C_{min}	L_{1min}	H
160	160.50	42	9	32	74	7
200	200.60	50	12	40	90	9
250	250.80	55	18	70	125	9
315	160.50	62	20	70	132	12
400	401.20	70	24	70	140	15
500	501.50	80	28	80	160	18
630	631.90	93	34	90	180	23

2）硬聚氯乙烯加筋管，如图 4-5 所示。为管外壁经环形肋加强的异型结构壁管材，管材具有较好的抗冲击性能和抵抗外部荷载的能力，同样等级的环刚度，材料用量比平壁管要省。规格尺寸见表 4-9 和表 4-10。

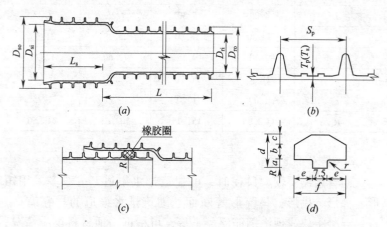

图 4-5 硬聚氯乙烯（PVC-U）加肋管
（a）加肋管；（b）管肋大样图；（c）管道接口图；（d）橡胶圈截面图

PVC-U 加筋钢管规格尺寸 表 4-9

管道规格	$DN225$/mm	$DN300$/m	$DN400$/m	$DN500$/m
管道内径 D_{ri}	224.00	300.20	402.10	492.10
管道外径 D_{ro}	250.00	335.00	450.00	549.70
管道壁厚 T_p	2.10	2.60	3.00	4.50
承口内径 D_{si}	251.70	337.10	453.00	552.50
承口外径 D_{so}	280.00	385.00	515.00	604.00
承口壁厚 T_s	1.70	2.00	2.60	4.00
承口深度 L_s	136~146	162~172	203~213	208
管肋间距 S_d	23	31	38	38
管道长度 L	3000 或 6000			

橡胶圈尺寸表 表 4-10

管道规格	$DN225$	$DN300$	$DN400$	$DN500$
a	3.20	5.00	6.80	8.60
b	6.10	8.20	11.20	15.40
c	4.00	5.30	7.25	7.33
d	13.30	18.50	25.25	31.33
e	7.10	9.35	12.60	12.25
f	21.70	26.20	32.70	32.00
r	1.00	1.20	1.50	1.75
R	11 3.75	151.75	203.65	248.50

3. 排水渠道

当管渠需要较大口径时，可建造排水渠道。一般多采用矩形、梯形、拱形、马蹄形等断面。砌筑排水渠道的材料有砖、石、混凝土块或现浇钢筋混凝土等，可根据当地材料供应情况，按就地取材的原则选择。

管材的选择直接影响工程造价和使用年限，选择时应就地取材，并结合水质、地质、管道承受内外压力以及施工方法等方面因素来确定。

三、污水排放设施施工方法

（一）一般规定

（1）管道工程的施工测量、降水、开槽、沟槽支撑和管道交叉处理、管道合槽施工等施工技术要求，应按现行国家标准《给水排水管道施工及验收规范》（GB 50268—2002）和有关规定执行。

（2）管道应敷设在原状土地基或经开槽后处理回填密实的地基上。

（3）管道穿越铁路、高速公路路堤时应设置钢筋混凝土、钢、铸铁等材料制作的保护套管。套管内径应大于排水管道外径300mm。套管设计应按铁路、高速公路的有关规定执行。

（4）管道应直线敷设。当遇到特殊情况需利用柔性接口转角进行折线敷设时，其允许偏转角度应由管材制造厂提供。

（二）沟槽施工

（1）沟槽槽底净宽度可按管径大小、土质条件、埋设深度、施工工艺等确定。

（2）开挖沟槽时，应严格控制基底高程，不得扰动基面。

（3）开挖中，应保留基地设计标高以上 0.2~0.3m 的原状土，待铺管前用人工开挖至设计标高。如果局部超挖或发生扰动，应换填 10~15mm 天然级配砂或 5~40mm 的碎石，整平夯实。

（4）沟槽开挖时应做好降水措施，防止槽底受水浸泡。

（三）管道基础施工

（1）管道应采用土弧基础。

（2）在管道设计土弧基础范围内的腋角部位，必须采用中粗砂回填密实。

（3）管道基础在承插式接口、机械连接等部位的凹槽，宜在铺设管道时随铺随挖。凹槽的长度、宽度和深度可按接口尺寸确定。接口完成后，应立即用中粗砂回填密实。

（四）管道连接及安装

（1）下管前，必须按管材管件产品标准逐节进行外观检查，不合格者严禁下管敷设。

（2）下管方式应根据管径大小、沟槽形式和施工机具装备情况，确定用人工或机械将管材放入沟槽。下管时必须采用可靠的吊具，平稳下沟，不得与沟壁、槽底激烈碰撞，吊装时应有二个吊点，严禁穿心吊装。

（3）承插式连接的承口应逆水流方向，插口应顺水流方向敷设。

（4）接口的胶粘剂必须采用符合材质要求的溶剂型胶粘剂，该胶粘剂应由管材生产厂配套供应。

（5）承插式密封圈连接、套筒连接、法兰连接等采用的密封件、套筒件、法兰、紧固件等配套件，必须由管材生产厂配套供应。

（6）机械连接用的钢制套筒、法兰、螺栓等金属管件制品，应根据现场土质并参照相应的标准采取防腐措施。

（7）雨期施工应采取防止管材上浮的措施。若管道安装完毕后发生管材上浮，应进行管内底高程的复测和外观检查，如发生位移、漂浮、拔口等现象，应及时返工处理。

（8）管道安装结束后，为防止管道因施工期间的温度变形使检查井连接部位出现裂缝渗水现象，需进行温度变形复核，并采取措施。

（五）管道与检查井的连接

管道与检查井的连接有刚性连接和柔性连接两种连接方式。

（1）刚性连接。管道与检查井的刚性连接有四种做法，做法分别如图 4-6、图 4-7、图 4-8、图 4-9 所示。

（2）柔性连接。管道与检查井的柔性连接如图 4-10 所示。

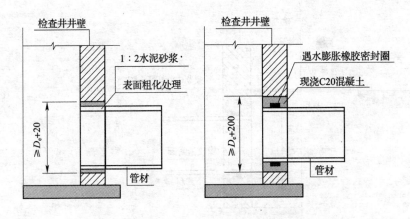

图4-6 排水管道与检查井的刚性连接（一）

图4-7 排水管道与检查井的刚性连接（二）

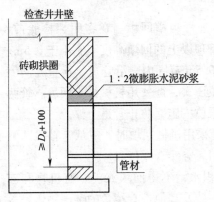

图4-8 排水管道与检查井的刚性连接（三）

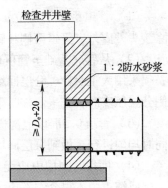

图4-9 排水管道与检查井的刚性连接（四）

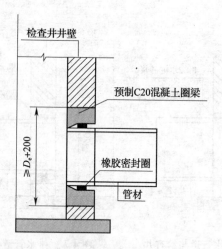

图 4-10　排水管道与检查井的柔性连接（五）

（六）管沟回填

1. 一般规定

（1）管道敷设后应立即进行沟槽回填。在密闭性检验前，除接头外露外，管道两侧和管顶以上的回填高度不宜小于 0.5m。

（2）从管底基础至管顶 0.5m 范围内，沿管道、检查井两侧必须采用人工对称、分层回填压实，严禁用机械推土回填。管两侧分层压实时，宜采取临时限位措施，防止管道上浮。

（3）管顶 0.5m 以上沟槽采用机械回填时，应从管轴线两侧同时均匀进行，做到分层回填、夯实、碾压。

（4）回填时沟槽内应无积水，不得回填淤泥、有机物和冻土，回填土中不得含有石块、砖及其他带有棱角的杂硬物体。

（5）当沟槽采用钢板桩支护时，在回填达到规定高度后，方可拔桩。拔桩应间隔进行，随拔随灌砂，必要时也可采用边拔桩边注浆的措施。

2. 回填材料

从管底基础面至管顶以上 0.5m 范围内的沟槽回填材料可用

碎石屑、粒径小于40mm的沙砾、高（中）钙粉煤灰（游离CaO含量在12%以上）、中粗砂或沟槽开挖出的良质土。

3．回填要求

（1）管基支撑角$2\alpha + 30°$（180°）范围内的管底腋角部位必须用中砂或粗砂填充密实，与管壁紧密接触，不得用土或其他材料填充。

（2）沟槽应分层对称回填、夯实，每层回填高度不宜大于0.2m。

（3）回填土的密实度应符合设计要求。

（4）在地下水位高的软土地基上，在地基不均匀的管段上，在高地下水位的管段和地下水流动区内应采用铺设土工布的措施。

（七）管段密闭性检验

（1）管段敷设完毕并且经检验合格后，应进行密闭性检验。

（2）管道密闭性检验时，管接头部位应外露观察。

（3）管段密闭性检验应按井距分隔，长度不宜大于1km，带井试验。

（4）管段密闭性检验可采用闭水试验法。检验时，经外观检查，不得有漏水现象。

（八）管道变形检验

（1）沟槽回填至设计高程后，在12~24h内应测量管道竖向直径的初始变形量，并计算管道竖向直径初始变形率，其值不得超过管道直径允许变形率的2/3。

（2）管道的变形量可采用圆形心轴等方法进行检验，测量偏差不得大于1mm。

（3）当管道竖向直径初始变形率大于管道直径允许变形率的2/3且管道本身尚未损坏时，可进行纠正，直到符合要求为止。

第三节 运行维护管理

一、排水管渠系统的养护与管理的任务

排水管渠系统的养护与管理工作的主要任务有以下几个方面：

(1) 验收排水管渠。
(2) 定期进行管渠系统的技术检查。
(3) 经常检查、冲洗或清通排水沟渠。以维持其通水能力。
(4) 维护管渠及其构筑物，并处理意外事故等。

排水管渠内常见的故障有：污物淤塞管道，过重的外荷载，地基不均匀沉陷或污水的侵蚀作用，使管渠损坏、裂缝或腐蚀等。

二、排水管渠的清通方法

在排水管渠中，往往由于水量不足，坡度较小，污水中固体杂质较多或施工质量不良等原因而发生沉淀、淤积，淤积过多将影响管渠的通水能力，甚至使管渠堵塞。因此，必须定期清通。清通的方法主要有水力方法和机械方法两种。

（一）水力清通

水力清通方法是用水对管道进行冲洗。可以利用管道内污水自冲，也可利用自来水或河水。用管道内污水自冲时，管道本身必须具有一定的流量，同时管内淤泥不宜过多（20%左右）。用自来水冲洗时，通常从消防龙头或街道集中给水栓取水，或用水车将水送到冲洗现场，一般在居住区内的污水支管，每冲洗一次需水约 2000~3000kg。

水力清通方法操作简便，工效较高，工作人员操作条件较好。根据我国一些地方的经验，水力清通不仅能清除下游管道 250m 以内的淤泥，而且在 150m 左右上游管道中的淤泥也能得到相当程度的刷清。

（二）机械清通

当管渠淤塞严重，淤泥已粘结密实，水力清通的效果不好时，需要采用机械清通方法。机械清通的动力可以是手动，也可以是机动。人工清污方法不仅劳动强度大，工作进度慢，而且工作环境差，也不卫生。管道清污车、管道清通机器人是先进的清理机械，清理效果好，符合工作要求。

（三）排水管渠的养护安全事项

管渠中的污水通常能析出硫化氢、甲烷、二氧化碳等气体，某些生产污水能析出石油、汽油或笨等气体，这些气体与空气中的氮混合能形成爆炸性气体。煤气管道失修、渗漏也能导致煤气溢入管渠中造成危险。排水管渠的养护工作必须注意安全。如果养护人员要下井，除应有必要的劳保用具外，下进前必须先将安全灯放入井内，如有有害气体，由于缺氧，灯将熄灭。如有爆炸性气体，灯在熄灭前会发出闪光。在发现管渠中存在有害气体时，必须采取有效措施排除，即使确认有害气体已被排除，养护人员下井时仍应有适当的预防措施，例如在井内不得携带有明火的灯，不得点火或抽烟，必要时可戴附有气带的防毒面具，穿上系有绳子的防护腰带。井上留人，以备随时给予井下人员以必要的援助。

第五章 农村水环境与水污染

农村水环境既是农村的脉管系统,对雨洪旱涝起着重要的调节作用,又是农业生产的生命之源。然而,近年来随着农村农业化、城市化水平的不断提高,农村水污染日益严重,水环境状况也日趋恶化,污染事故时有发生,不仅造成粮食减产,而且直接威胁农村居民的供水安全。因此,使农村居民了解农村水环境及水污染的基本概念,掌握保护水环境的基本对策是保障农业生产和农民自身安全的基础。

第一节 农村水环境的基本概念

一、水环境的概念

《环境科学大辞典》的定义:地球上分布的各种水体及与其密切相连的诸环境要素,例如河床、海岸、植被、土壤等。

二、水环境的分类

根据其范围的大小分为区域水环境(例如流域水环境、城市水环境等)、全球水环境。

对某个特定区域而言,该区域的各种水体如湖泊、水库、河流和地下水等,应视为该水环境的重要组成部分,因此,水环境又可分为地表水环境(包括河流、湖泊、水库、池塘、沼泽等)和地下水环境(包括泉水、浅层地下水和深层地下水等)。

三、水环境与水体的区别

水体是河流、湖泊、沼泽、水库、地下水、冰川和海洋等

"贮水体"的总称,是一个完整的生态系统,其中包括水、水中悬浮物、溶解物质、底质和水生生物等。而水环境是构成环境的基本要素之一,不仅包括水体本身,还包括与其密切相连的诸环境要素,故水环境比水体的概念涵盖范围更广。

四、水环境承载力

在某一时期,在一定环境质量要求下,在某种状态或条件下,某流域(区域)水环境在自我维持、自我调节能力和水环境功能可持续正常发挥前提下,所支撑的人口、经济及社会可持续发展的最大规模。

五、天然水质背景值

水是自然界中最好的溶液,天然物质和人工生成的物质大多数可溶解在水中。因此,可以认为,自然界不存在由 H_2O 组成的"纯水"。在任何天然水中,都含有各类溶解物和悬浮物,并且随着地域的不同,各种水体中天然水含有的物质种类不同,浓度各异。但它却代表着天然水的水质状况,故称其为天然水质背景值,或水环境背景值。

第二节 农村水污染的基本概念

一、水体的自净作用

自然环境包括水环境对污染物质都具有一定的承受能力,即所谓的环境容量。水体能够在其环境容量的范围内,经过水体的物理、化学和生物的作用,使排入污染物质的浓度和毒性随时间的推移,在向下游流动的过程中自然降低,称之为水体的自净作用。也可简单地说,水体受到污染后,靠自然能力逐渐变洁的过程称为水体的自净。

二、水体的自净过程

水体的自净过程很复杂,按其机理划分有:

(一)物理过程

其中包括稀释、混合、扩散、挥发、沉淀等过程。水体中的污染物质在这一系列的作用下,其浓度得以降低。稀释和混合作用是水环境中极普遍的现象,又是比较复杂的一项过程,它在水体自净中起着重要的作用。

(二)化学及物理化学过程

污染物质通过氧化、还原、吸附、凝聚、中和等反应使其浓度降低。

(三)生物化学过程

污染物质中的有机物,由于水体中微生物的代谢活动而被分解、氧化并转化为无害、稳定的无机物,从而使浓度降低。

总之,水体的自净作用包含着十分广泛的内容,任何水体的自净作用又常是相互交织在一起的,物理、化学和物化过程及生物化学过程常常是同时同地产生,相互影响,其中常以生物自净过程为主,生物体在水体自净作用中是最活跃、最积极的因素。

三、河流对污染物的净化过程

当污染物质排入河流后,首先被流水混合、稀释扩散,比水重的粒子即沉降堆集在河床上;接着可氧化的物质被水中的氧所氧化;有机物质通过水中微生物的作用进行生物化学的氧化分解还原成无机物质;与此同时,河流表面又不断地从大气获得氧气,补充水中被消耗掉的溶解氧。这样经过一段时间,河水流到一定距离后就恢复到原来的清洁状态。水的自净能力与水体的水量、流速等因素有关。水量大、流速快,水的自净能力就强。但是,水对有机氯农药、合成洗涤剂、多氯联苯等物质及其他难于降解的有机化合物、重金属、放射性物质等的自净能力是极其有限的。

四、什么是水污染

水体污染是指排入水体的污染物在数量上超过了该物质在水体中的本底含量和自净能力即水体的环境容量，从而导致水体的物理特征、化学特征发生不良变化，破坏了水中固有的生态系统，破坏了水体的功能及其在人类生活和生产中的作用。

五、水体污染物的来源

水体污染物的来源见图 5-1。

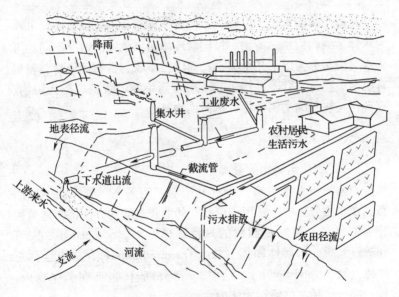

图 5-1　河流污染物来源示意图

（一）工业废水

工业废水中的有毒、有害物质成分复杂，是造成目前世界性水污染的主要原因。

（二）农用排水

施用的化肥、农药，随农田排水、地表径流注入水体。

（三）生活污水

生活污水成分复杂，以好氧有机物最多。

（四）垃圾和工业废渣

垃圾和废渣倾入水中或堆积在水域附近，经水的溶解或浸渍作用，使垃圾和废渣中有毒有害成分进入水中。

（五）大气中的污染物

大气中污染物种类很多，可以直接降落或溶于雨雪后降落入水体。

六、水体中的主要污染物

凡使水体的水质、生物质、底质质量恶化的各种物质均可称为水体污染物或水污染物。根据对环境污染危害的情况不同，可将水污染物分为以下几个类别：固体污染物、生物污染物、需氧有机污染物、富营养性污染物、感官污染物、酸碱盐类污染物、有毒污染物、油类污染物、热污染物等。

七、固体污染物

（一）固体污染物的分类

固体物质在水中有三种存在形态：溶解态、胶体态、悬浮态。在水质分析中，常用一定孔径的滤膜过滤的方法将固体微粒分为两部分：被滤膜截留的悬浮固体（SS, Suspended Solids）和透过滤膜的溶解性固体（DS, Dissolved Solids），二者合称总固体（TS, Total Solids）。这时，一部分胶体包括在悬浮物内，另一部分包括在溶解性固体内。

（二）固体污染物的危害

悬浮物在水体中沉积后，会淤塞河道，危害水体底栖生物的繁殖，影响渔业生产。灌溉时，悬浮物会阻塞土壤的孔隙，不利于作物生长。大量悬浮物的存在，还干扰废水处理和回收设备的工作。在废水处理中，通常采用筛滤、沉淀等方法使悬浮物与废水分离而除去。

水中的溶解性固体主要是盐类，亦包括其他溶解的污染物。含盐量高的废水，对农业和渔业生产有不良影响。

八、生物污染物

(一) 什么是生物污染物

生物污染物系指废水中的致病微生物及其他有害的生物体。主要包括病毒、病菌、寄生虫卵等各种致病体。此外，废水中若生长有铁菌、硫菌、藻类、水草及贝壳类动物时，会堵塞管道、腐蚀金属及恶化水质，也属于生物污染物。

(二) 生物污染物的来源

生物污染物主要来自城市生活废水、医院废水、垃圾及地面径流等方面。病原微生物的水污染危害历史最久，至今仍是危害人类健康和生命的重要水污染类型。洁净的天然水一般含细菌是很少的，病原微生物就更少，受病原微生物污染后的水体，微生物激增，其中许多是致病菌、病虫卵和病毒，它们往往与其他细菌和大肠杆菌共存，所以通常规定用细菌总数和菌指数为病原生物污染的间接指标。

(三) 病原微生物的特点

病原微生物的特点是：数量大、分布广、存活时间较长、繁殖速度很快、易产生抗药性，很难消灭。因此，此类污染物实际上通过多种途径进入人体，并在体内生存，一旦条件适合，就会引起人体疾病。

九、需氧有机污染物

(一) 什么是需氧有机污染物

废水中能通过生物化学和化学作用而消耗水中溶解氧的物质，统称为需氧污染物。绝大多数的需氧污染物是有机物，无机物主要有 Fe、Fe^{2+}、S^{2-}、SO_3^{2-}、CN^- 等，仅占很少量的部分。因而，在水污染控制中，一般情况下需氧物即指有机物。

天然水中的有机物一般指天然的腐殖物质及水生生物的生命

活动产物。生活废水、食品加工和造纸等工业废水中，含有大量的有机物，如碳水化合物、蛋白质、油脂、木质素、纤维素等。

（二）需氧有机污染物的特点

有机物的共同特点是这些物质直接进入水体后，通过微生物的生物化学作用而分解为简单的无机物质——二氧化碳和水，在分解过程中需要消耗水中的溶解氧，而在缺氧条件下污染物就发生腐败分解、恶化水质，因此常称这些有机物为需氧有机物。水体中需氧有机物越多，耗氧也越多，水质也越差，说明水体污染越严重。在一给定的水体中，大量有机物质能导致氧的近似完全的消耗，很明显对于那些需氧的生物来说，要生存是不可能的，鱼类和浮游动物在这种环境下就会死亡。需氧有机物常出现在生活废水及部分工业废水中，如有机合成原料、有机酸碱、油脂类、高分子化合物、表面活性剂、生活废水等。它的来源多，排放量大，所以污染范围广。

十、营养性污染物

（一）什么是营养性污染物

营养性污染物是指可引起水体富营养化的物质，主要是指氮、磷等元素，其他尚有钾、硫等。此外，可生化降解的有机物、维生素类物质、热污染等也能触发或促进富营养化过程。

（二）营养性污染物的危害

从农作物生长的角度看，植物营养物是宝贵的物质，但过多的营养物质进入天然水体，将使水质恶化、影响渔业的发展和危害人体健康。一般来说，水中氮和磷的浓度分别超过 $0.2mg/L$ 和 $0.02mg/L$，会促使藻类等绿色植物大量繁殖，在流动缓慢的水域聚集而形成大片的水华（在湖泊、水库）或赤潮（在海洋）；而藻类的死亡和腐化又会引起水中溶解氧的大量减少，使水质恶化，鱼类等水生生物死亡；严重时，由于某些植物及其残骸的淤塞，会导致湖泊逐渐消亡。这就是水体的营养性污染（又称富营养化）。

(三) 水中营养物质的来源

水中营养物质的来源,主要来自化肥。施入农田的化肥只有一部分为农作物所吸收,其余绝大部分被农田排水和地表径流携带至地下水和河、湖中。其次,营养物来自于人、畜、禽的粪便及含磷洗涤剂。此外,食品厂、印染厂、化肥厂、染料厂、洗毛厂、制革厂、炸药厂等排出的废水中均含有大量氮、磷等营养元素。

十一、感官污染物

(一) 什么是感官污染物

废水中能引起异色、浑浊、泡沫、恶臭等现象的物质,虽无严重危害,但能引起人们感官上的极度不快,被称为感官性污染物。对于供游览和文体活动的水体而言,感官性污染物的危害则较大。

(二) 感官污染物的来源

异色、浑浊的废水主要来源于印染厂、纺织厂、造纸厂、焦化厂、煤气厂等。恶臭废水主要来源于炼油厂、石化厂、橡胶厂、制药厂、屠宰厂、皮革厂。当废水中含有表面活性物质时,在流动和曝气过程中将产生泡沫,如造纸废水、纺织废水等。各类水质标准中,对色度、臭味、浊度、漂浮物等指标都作了相应的规定。

十二、酸碱类污染物

(一) 什么是酸碱污染物

酸碱污染物主要由工业废水排放的酸碱及酸雨带来。酸碱污染物使水体的 pH 值发生变化,破坏自然缓冲作用,消灭或抑制细菌及微生物的生长,妨碍水体自净,使水质恶化、土壤酸化或盐碱化。

(二) 酸碱污染物的危害

各种生物都有自己的 pH 适应范围,超过该范围,就会影响其生存。对渔业水体而言,pH 值不得低于 6 或高于 9.2,当 pH 值为 5.5 时,一些鱼类就不能生存或繁殖率下降。农业灌溉用水的pH值应为4.5~8.5。此外酸性废水也对金属和混凝土材料造成腐蚀。酸与碱往往同时进入同一水体，从pH值角度看，酸、碱污染因中和作用而自净了，但会产生各种盐类，又成了水体的新污染物。无机盐的增加能提高水的渗透压，对淡水生物、植物生长都有影响。在盐碱化地区，地面水、地下水中的盐将进一步危害土壤质量，酸、碱、盐污染造成的水的硬度的增长在某些地质条件下非常显著。

十三、有毒污染物

（一）什么是有毒污染物

废水中能对生物引起毒性反应的物质，称为有毒污染物，简称为毒物。工业上使用的有毒化学物已经超过12000种，而且每年以500种的速度递增。

（二）有毒污染物的主要危害

毒物可引起生物急性中毒或慢性中毒，其毒性的大小与毒物的种类、浓度、作用时间、环境条件（如温度、pH值、溶解氧浓度等）、有机体的种类及健康状况等因素有关。大量有毒物质排入水体，不仅危及鱼类等水生生物的生存，而且许多有毒物质能在食物链中逐级转移、浓缩，最后进入人体，危害人的健康。

（三）有毒污染物的分类

废水中的毒物可分为无机毒物、有机毒物和放射性物质等三类。

（1）无机毒物：包括金属和非金属两类。金属毒物主要为重金属（汞、镉、镍、锌、铜、锰、钴、钛、钒等）及轻金属铍。非金属毒物有砷、硒、氰化物、氟化物、硫化物、亚硝酸盐等。砷、硒因其危害特性与重金属相近，故在环境科学中常将其列入重金属范畴。重金属不能被生物所降解，其毒性以离子态存在时最为严重，故常称其为重金属离子毒物。重金属能被生物富集于体内，有时还可被生物转化为毒性更大的物质（如无机汞被转化为烷基汞),是危害特别大的一类污染物。

(2)有机毒物:这类毒物大多是人工合成有机物,难以被生化降解,毒性很大。在环境污染中具有比例较大的有机毒物包括有机农药、多氯联苯、稠环芳香烃、芳香胺类、杂环化合物、酚类、腈类等。许多有机毒物因其"三致效应"(致畸、致突变、致癌)和蓄积作用而引起人们格外的关注。以有机氯农药为例,首先其具有很强的化学稳定性,在自然环境中的半衰期为十几年到几十年,其次它们都可通过食物链在人体内富集,危害人体健康。图5-2为农药滴滴涕在生物体内的富集作用。

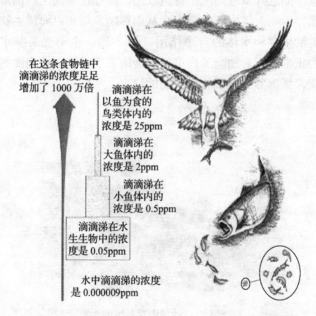

图 5-2　农药滴滴涕(DDT)在生物体内的富集作用

(3)放射性物质:放射性是指原子核衰变而释放射线的物质属性,废水中的放射性物质主要来自铀、镭等放射性金属的生产和使用过程,如核试验、核燃料再处理、原料冶炼厂等。其浓度一般较低,主要会引起慢性辐射和后期效应,如诱发癌症、对孕妇和婴儿产生损伤,引起遗传性伤害等。

十四、油类污染物

(一) 什么是油类污染物

油类污染物包括矿物油和动植物油。它们均难溶于水,在水中常以粗分散的可浮油和细分散的乳化油等形式存在。

(二) 油类污染物的主要危害

油污染是水体污染的重要类型之一,特别是在河口、近海水域更为突出。主要是工业排放、海上采油、石油运输船只的清洗船舱及油船意外事故的流出等造成的。漂浮在水面上的油形成一层薄膜,影响大气中氧的溶入,从而影响鱼类和以海洋生物为食的鸟类的生存和水体的自净作用(图5-3),也干扰某些水处理设施的正常运行。油脂类污染物还能附着于土壤颗粒表面和动植物体表,影响养分的吸收和废物的排出。

图5-3 石油污染对鸟类的影响

十五、热污染

(一) 什么是热污染

所谓热污染,是指由日益现代化的工业生产和生活排放的废热所造成的环境污染,如火力发电厂、炼钢厂、化工厂以及造纸厂等排放的生产性废水中均含有的大量废热,这些热量不断流入地面水系,会使一些地区的地面水温度升高到35~40℃。

(二) 热污染的主要危害

热污染的主要危害有以下几点:

(1) 由于水温升高,使水体溶解氧浓度降低,大气中的氧向水体传递的速率也减慢;另外,水温升高会导致生物耗氧速度加快,促使水体中的溶解氧更快被耗尽,水质迅速恶化,造成异色和水生生物因缺氧而死亡。

(2) 水温升高会加快藻类繁殖,从而加快水体富营养化进程。

(3) 水温升高可导致水体中的化学反应加快,使水体的物理化学性质如离子浓度、电导率、腐蚀性发生变化,而引起管道和容器的腐蚀。

(4) 水温升高会加速细菌生长繁殖,增加后续水处理的费用。

十六、水体的污染特征

(1) 各类工业与大型企业密集在城市,排入城区河段的污染物数量极大,故一般流经城市的河流污染都很严重。

(2) 海洋污染,其中以石油污染最为突出。

(3) 污染物种类越来越多,其中毒物、剧毒物、长期残留物特别令人关注。

(4) 陆地水体中,河流流速大,稀释与自净能力强,污染较轻,较易恢复;湖泊交换能力弱,污染物能长期停留,易使水质恶化和引起富营养化;地下水遭受工业废水和城市污水日益严重,而且一旦污染,不易恢复,甚至不能恢复。

(5) 农用排水和地表水和地表径流等非点污染源造成的水污染比较普遍。

第三节 水污染的危害

一、水污染对人体的危害

(一) 引起急性和慢性中毒

水体受化学有毒物质污染后,通过饮水和食物链便可造成中毒,如甲基汞中毒(水俣病)、镉中毒(骨痛病)、砷中毒、铬中毒、农药中毒、多氯联苯中毒等。这是水污染对人体健康危害的主要方面。

(二) 致癌作用

某些有致癌作用的化学物质,如砷、铬、镍、铍、苯胺、苯并芘和其他多环芳烃等污染水体后,可在水中悬浮物、底泥和水生生物内蓄积。长期饮用这类水质或食用这类生物就可能诱发癌症。

(三) 发生以水为媒介的传染病

生活污水及制革、屠宰、医院等废水污染水体,常可引起细菌性肠道传染病和某些寄生虫病,如伤寒、痢疾、霍乱、肠炎、传染性肝炎和血吸虫病等。

(四) 间接影响

水体受污染后,常可引起水的感官性状恶化,发生异臭、异味、异色、呈现泡沫和油膜等,抑制水体天然自净能力,影响水的利用与卫生状况。

二、水污染对水生生物的危害

水中生活着各种各样的水生动物和植物。当人类向水中排放污染物时,一些有益的水生生物可能会中毒死亡,而一些耐污的水生生物会加剧繁殖,大量消耗溶解在水中的氧气,使有益的水生生物因缺氧被迫迁徙他处,或者死亡。特别是有些有毒元素,既难溶于水又易在生物体内累积,对人类造成极大的伤害。

三、水污染对工农业生产的影响

工农业生产过程中使用了被污染的水后,对人类有着极大的危害。水质污染后,会使工业设备受到破坏,严重影响产品质量,工业用水必须投入更多的处理费用,造成资源、能源的浪费,食品工业用水要求更为严格,水质不合格,会使生产停顿。这也是工业企业效益不高、质量不好的因素。农业用水被污染,导致土壤的化学成分改变,肥力下降,使作物减产,品质降低,甚至使人畜受害,大片农田遭受污染,土壤质量降低。海洋污染的后果也十分严重,如石油污染,造成海鸟和海洋生物死亡。此外,水污染还使城市增加生活用水和工业用水的污水处理费用。

第四节 水体的富营养化

一、什么是水体的富营养化

水体的富营养化(eutrophication)是指在人类活动的影响(大量使用氮肥、磷肥、含磷洗涤剂)下,生物所需的氮、磷等营养物质大量进入湖泊、河口、海湾等缓流水体,引起藻类及其他浮游生物迅速繁殖,水体溶解氧量下降,水质恶化,鱼类及其他生物大量死亡的现象(图5-4)。

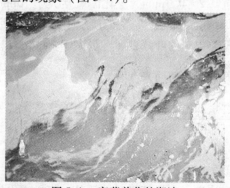

图5-4 富营养化的湖泊

二、水体富营养化的危害

富营养化会影响水体的水质，会造成水的透明度降低，使得阳光难以穿透水层，进而影响水中植物的光合作用。同时，因为水体富营养化，水体表面生长着以蓝藻、绿藻为优势种的大量水藻，形成一层"绿色浮渣"，而底层堆积的有机物质在厌氧条件下分解产生有害气体，一些浮游生物产生生物毒素，这些都会伤害鱼类。因为富营养化水中含有硝酸盐和亚硝酸盐，人畜长期饮用这些物质含量超过一定标准的水，也会中毒致病。

另外，在正常情况下，氧在水中也有一定溶解度。溶解氧不仅是水生生物得以生存的条件，而且氧参加水中的各种氧化－还原反应，促进污染物转化降解，是天然水体具备自净能力的重要原因。水体富营养化还会破坏水体原有的生态系统的平衡。

三、水体富营养化产生的原因

氮、磷等营养物质浓度升高，是藻类大量繁殖的原因，其中又以磷为关键因素。影响藻类生长的物理、化学和生物因素（如阳光、营养盐类、季节变化、水温、pH 值，以及生物本身的相互关系）是极为复杂的。因此，很难预测藻类生长的趋势，也难以定出表示富营养化的指标。目前一般采用的指标是：水体中氮含量超过 $0.2\sim0.3$ ppm，生化需氧量大于 10ppm，磷含量大于 $0.01\sim0.02$ ppm，pH 值 $7\sim9$ 的淡水中细菌总数每毫升超过 10 万个，表征藻类数量的叶绿素 a 含量大于 $10\mu mg/L$。

四、营养物质从何而来

水体中过量的氮、磷等营养物质主要来自未加处理或处理不完全的工业废水和生活污水、有机垃圾和家畜家禽粪便，以及农施化肥。

（一）氮的来源

农田径流挟带了大量氨氮和硝酸盐。氮进入水体后，改变了其中原有的氮平衡，促进某些适应新条件的藻类种属迅速增殖，在这些水生植物死亡后，细菌将其分解，从而使其所在水体中增加了有机物，导致其进一步耗氧，使大批鱼类死亡。含有尿素、氨氮为主要氮形态的生活污水和人畜粪便，排入水体后会使正常的氮循环变成"短路循环"，即尿素和氨氮的大量排入，破坏了正常的氮、磷比例，并且导致在这一水域生存的浮游植物群落完全改变，原来正常的浮游植物群落是由硅藻、鞭毛虫和腰鞭虫组成的，而这些种群几乎完全被蓝藻、红藻和小的鞭毛虫类所取代。

（二）磷的来源

水体中的过量磷主要来源于肥料、农业废弃物和城市污水。进入水体的磷酸盐有 60% 是来自城市污水。在城市污水中磷酸盐的主要来源是洗涤剂，它除了引起水体富营养化以外，还使许多水体产生大量泡沫。水体中过量的磷一方面来自外来的工业废水和生活污水，另一方面还有其内源作用，即水体中的底泥在还原状态下会释放磷酸盐，从而增加磷的含量，特别是在一些因硝酸盐引起的富营养化的湖泊中，由于城市污水的排入使之更加复杂化，会使该系统迅速恶化。即使停止加入磷酸盐，问题也不会解决。这是因为多年来在底部沉积了大量的富含磷酸盐的沉淀物，它由于有不溶性的铁盐保护层的作用通常是不会参与混合的。但是，当底层水含氧量低而处于还原状态时（通常在夏季分层时出现），保护层消失，进而使磷酸盐释入水中所致。

五、影响富营养化的主要因子

影响富营养化的因子众多，如营养性物质磷、氮、碳等，湖泊的特征、地理位置及气象、气候等，人类活动也是一个非常重要的影响因子。

六、富营养化的类型及判别标准

如表 5-1 所示。

水体富营养化程度划分　　　　表 5-1

富营养化程度	初级生产率/mgO$_2$·m^{-2}·日$^{-1}$	总磷/μg·L^{-1}	无机氮/μg·L^{-1}
极贫	0~136	<0.005	<0.200
贫-中		0.005~0.010	0.200~0.400
中	137~409	0.010~0.030	0.300~0.650
中-富		0.030~0.100	0.500~1.500
富	410~547	>0.100	>1.500

七、水体富营养化的防治措施

（1）控制外源性营养物质输入；
（2）减少内源性营养物质负荷；
（3）去除污水中的营养物质。

第五节　水的重金属污染

一、砷中毒

（一）砷中毒

可能有许多人会对砷比较陌生，但若说"砒霜"大多数人比较熟悉。砒霜（砷）被人体吸收后容易影响细胞呼吸及酶素作用，甚至使染色体发生断裂，引发基因突变，最后导致癌症的发生。

（二）慢性砷中毒会有什么影响

砷中毒会引起呼吸困难、血压上升、心律不齐、胃部不适、脚水肿、肌肉疼痛无力，而且可能损及心脏、肝、肾和脾脏，如乌脚病、糖尿病、皮肤病变、高血压等。

（三）体内的砷从何而来

饮用含砷井水、污染的地表水等或遭受污染的虾、蟹、蛤、牡蛎等。

（四）砷中毒事件

由于砷并无特殊气味，很难察觉其存在与否，因此容易导致砷中毒而不自知，在台湾就曾经发生过地下水砷污染，导致人下肢不明变黑、溃烂，变成"乌脚病"的砷中毒事件。

二、镉中毒

（一）镉中毒

镉是对人体有害的元素，自然界中含量并不高，每立方米大气中镉的含量一般不超过 0.003μg，每升水中不超过 10μg，每千克土壤中不超过 0.5μg。这样低的浓度，对人体健康不会带来影响。但镉化物毒性很大，镉在体内有蓄积性，长期接触会引起慢性镉中毒，镉化合物还有致畸胎和致癌的危险。

（二）镉中毒会有什么影响

镉中毒会出现高血压或低血压、倦怠、贫血、蛋白尿、恶心、呕吐、软骨症、骨骼酸痛、慢性骨折、腹泻、肺气肿等现象。主要影响人的肝、肾、胎盘、肺、脑及骨头等器官。此外，慢性镉中毒对人体的生育能力亦有所影响。

（三）山西"女儿村"

"女儿村"是我国山西省的一个村庄，该村连续 18 年来未出生一个男孩。我国医务工作者对该现象进行了深入调查，发现该村育龄人长年饮用的水中含镉量远大于 0.01ppm。由于人体吸收了过量的镉，使得男性的精子活动能力降低，而精子中的 X 和 Y 染色体对镉的抵抗能力不一，其中含 X 染色体的精子比含 Y 染色体的精子抵抗镉作用的能力强，所以相对而言含 X 染色体的精子的成活率及活动能力也强。而含 X 染色体的精子与卵子结合即为生女孩，所以该村成了"女儿村"。

（四）体内的镉从何而来

食入镉污染的贝壳类海鲜、肝、肾等内脏，或经饮用镉污染的水等进入人体，另外如像镍镉电池、塑胶、涂料色素、杀虫剂、化学肥料、牙套合金、机油、汽车废气中皆含有镉金属存在。

（五）镉米中毒事件

1955~1972年于日本富山县神通川流域，锌、铅冶炼工厂等排放的含镉废水污染了神通川水体，两岸居民利用河水灌溉农田，至使土地含镉量高达7~8ppm，居民食用含镉量达1~2ppm的稻米和饮用含镉水而中毒。得病的人起初关节疼痛，数年后全身出现骨痛、神经痛，延续几年后不能行动，连呼吸都十分痛苦，最后骨骼软化萎缩，自然骨折，直至不能吃饭，在百般疼痛中死去。这就是震惊世界的八大公害之一的痛痛病事件，也称为"镉米事件"。痛痛病发病年龄一般在30~70岁，都是多子女的妇女，并且一直饮用神通川的水和食用镉米。据日本厚生省1968年公布的材料，痛痛病主因是长期饮用"镉水"，食用"镉米"，诱因是妊娠、哺乳、内分泌失调、营养缺乏及衰老。

（六）痛痛病的病征及治疗

痛痛病一开始是在劳动过后腰、手、脚等关节疼痛，在洗澡和休息后则感到轻快；延续一段时间后，全身各部位都感觉疼痛，骨痛尤烈，进行骨骼软化萎缩，以致呼吸、咳嗽都带来难忍之苦，因而自杀。

为了治疗因镉引起的骨痛病，除用络合剂疗法即化学促排外，主要是脱离镉接触和增加营养。一般是服用大量钙剂、维生素D和维生素C。晒太阳和用石英灯照射效果亦佳。这种措施亦适用于一般的婴幼儿以及老年人的软骨症和骨质疏松症的治疗和预防。其实质是补钙、补锌及其他有益微量元素来顶替镉，从而缓减和消除镉的毒害。

三、汞中毒

（一）汞中毒

汞由肠胃吸收而堆积在脑部，并会抑制全身许多酵素的活性，进而影响神经系统。另外，汞也会破坏蛋白质，干扰解毒及酵素系统，而对肝、肾功能造成伤害。

（二）汞中毒会有什么影响

慢性汞中毒，会引起肠胃不适、牙龈炎、头痛或肾脏功能障碍、视力障碍、无力、动作无法协调、感觉及听力丧失、关节痛、智能低下、不自主抖动等。

（三）体内的汞从何而来

体温计、血压仪及各种度量工具所必需填充的物质都是汞元素。补牙齿所用的汞剂及中药用来安神镇静的硃砂，也是属于汞的无机化合物。此外，饮用受有机汞污染的水也会引进汞中毒。

（四）水俣病事件

水俣病是汞引起的著名环境公害病，因1953年首先发现于日本熊本县水俣湾附近的渔村而得名。患者具有明显神经症状如突发性惊吓、两眼斜视、吞咽困难、阵发性抽搐、口腔张开而不能说话，有的小孩眯着眼睛发出狂笑，不能自已。症状严重的，可出现痉挛、麻痹、意识障碍等急性发作，并很快死亡。除人体受害外，动物如猫的中毒表现也引人注目，主要是集体向大海狂奔，即所谓狂猫跳海。

（五）水俣病患者的主要病征

水俣病实际为有机水银灯中毒。患者手足协调失常，甚至步行困难、运动障碍、弱智、听力及言语障碍；重者例如神经错乱、思觉失调、痉挛，最后死亡。发病起三个月内约有半数重症者死亡，怀孕妇女亦会将这种中毒遗传给胎中幼儿，令幼儿天生弱智。图5-5为某水俣病患者。

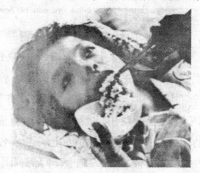

图5-5 水俣病患者

（六）水俣病的起因

1923年，新日本窒素肥料（由人粪与猪粪于酒窖发酵而产成)于水俣工场生产氯乙烯与醋酸乙烯,其制造过程中需要使用含汞的催化剂。由于该工厂任意排放粪水,这些含汞的剧毒流入河流,并进入食用水塘,转成甲基汞氯(化学式CH_3HgCl)等有机汞化合物。当人类食用该水源或原居于受污染水源的生物时,甲基汞等有机汞化合物直接或通过鱼虾进入人体,被肠胃吸收,侵害脑部和身体其他部分,造成生物累积。该事件被认为是一起重大的工业灾难。表5-2为正常人、猫与汞中毒人、猫体内的汞的含量。

正常人、猫与汞中毒人、猫体内汞的含量(单位:ppm)　　表5-2

		肝	肾	脑
正常人(15人)		0~2	0~3	0~0.5
急性死亡患者	1	70.5	144.0	9.6
	2	38.2	47.5	15.4
	3	38.8	68.2	24.8
	4	34.6	99.0	7.8
	5	39.5	40.5	9.0
	6	42.1	106.0	21.3
	7	34.7	64.2	7.8
正常猫		0.9~3.66	0.09~0.82	0.05~0.13
患病猫		37.0~144.5	12.2~36.1	8.05~18.6

摘自:http://dss.ccivs.cyc.edu.tw/Science/content/1977

(七)为什么甲基汞会致毒

因为甲基汞具有脂溶性、原形蓄积和高神经毒3项特性。首先甲基汞进入胃与胃酸作用,产生氯化甲基汞,经肠道几乎全部吸收进入血液(无机汞只有5%被吸收);然后在红细胞内与血红蛋白中的巯基结合,随血液输送到各器官。人类为了保护自己的大脑,为防止病毒入侵,专设了血脑屏障。但氯化甲基汞是稀客,为血脑屏障不识,故能顺利通过,进入脑细胞,还能透过胎盘,进入胎儿脑中。脑细胞富含类脂质,而脂溶性的甲基汞对类脂质具有很高的亲和力。所以很容易蓄积在脑细胞内。因此，水俣病是环境污染中有毒微量元素造成的最严重的公害之一。

第六节 农村水环境与水污染

一、什么是农村水环境

农村水环境是指分布在广大农村的河流、湖沼、沟渠、池塘、水库等地表水体、土壤水和地下水体的总称。水环境既是农村大地的脉管系统，对降雨、洪涝、干旱及生态与环境起着重要的调节作用，又是农村生产生活的生命之源。同时也是全国水环境的重要组成部分。因此，保护和改善农村水环境是保障农民生活和农业生产发展的基础，也是落实科学发展观和建设社会主义新农村的需要。此外，保护和改善农村水环境对防治江、河、湖泊污染，保障国家粮食安全和饮水安全也具有重要意义。

二、农村水环境污染现状及成因分析

20世纪80年代以前，我国农村水环境总体状况良好，水污染问题是局部性的。1980年全国工业和城市生活用水为525亿t，占总用水量的11.8%；污、废水排放量约为200亿t左右（按2003年中国水资源公报的估算比例），仅占全国地表水资源量的0.77%，远远低于地表水体的自然净化能力，全国及农村水污染问题并不突出。1980年以后，随着我国经济的快速发展，工业和城市生活用水急剧增加。虽然我国污水的处理率在不断提高，但我国污水的年排放量仍在大幅度增加。根据《中国水资源公报》，2003年全国工业和城镇生活用水达到1808亿t，占总用水量的34.0%，全国污、废水排放量约为680亿t，占全国地表水资源量的2.6%，比1980年增加了2.4倍，污水的处理速度远远低于污水排放量的增长速度。大量水质超标的工业和城市生活废

污水排向农村、用于农田灌溉，农村内部乡镇企业、畜禽养殖业和生活污水的增加，以及农业面源污染的扩大，使全国农村水污染严重、水环境不断恶化。

（一）污水灌溉农田导致土壤、作物、地表水及地下水污染严重

近年来，我国许多农村不但污灌面积大幅度增加，而且用来灌溉的污水水质也发生明显变化，水中污染物浓度增高，有毒有害成分增加。污灌面积已从1963年仅有的4.2万hm^2发展到1998年的368.1万hm^2，占全国总灌溉面积的7.3%，特别是1978~1980年间，污灌面积从33万hm^2万猛增到133万hm^2。由于大量未经处理的污水直接用于农田灌溉，水质超标、盲目发展灌溉面积，已经造成土壤、作物及地下水的严重污染。污水灌溉已成为我国农村水环境恶化的主要原因之一，直接危害污灌区的饮水及食物安全。

（二）农村乡镇企业环境污染严重

由于城市环境污染的严厉制裁，目前许多污染严重的企业从城市转移到了郊区小城镇，乡镇企业准入门槛低、布局分散，生产工艺落后，排污种类多、浓度高，往往是一个企业污染了一条小河、一个池塘、一片农村，对农村水环境造成了严重危害，从而使其污染程度明显高于大城市中心区。此外，污染的范围与程度也均有迅速蔓延和加重的趋势。从1989年、1995年和1998年全国乡镇工业污染源调查资料可以看出，1995年比1989年废水排放量增加了33.4亿t，增加了130%；COD排放量增加290.1%；固体废弃物排放量增加11倍多。各污染物排放总量1998年虽然比1995年均下降，但仍比1989年要高。1999年工业固体废物排放量为3881万t，其中乡镇工业的排放量为2726万t，占排放总量的70.2%。

（三）城郊集约化畜禽养殖场和农村生活排污问题日益突出

城郊集约化畜禽养殖场产生的大量的粪便及污水就地排放，污染了农村内部及周边水环境和卫生环境，使乡村小河、池塘变

成了臭水沟、臭水塘。据推算，1988年全国畜禽粪便产量为18.84亿t，为当年工业固废量的3.4倍，1995年已达24.85亿t，约为当年工业固废量的3.9倍。2000年全国畜禽粪便排放量超过27亿t，相当于工业固体废物排放量3~4倍。

（四）农村面源污染严重

随着点源污染的控制，农业生产中化肥和农药的大量使用、流失，已成为农村地下水和大江、大河及湖泊污染的重要原因。以南四湖为例，南四湖来自农田径流的氮和磷负荷分别占总负荷的35%和68%。对黄淮海平原农业区14个县市的调查结果显示，农村和小城镇由于农用氮肥的大量施用而引起的地下水、饮用水硝酸盐污染的问题已十分严重。在调查的69个地点中有半数以上超过饮用水硝酸盐含量的最大允许浓度（50mg/L），其中最高者达300mg/L。农药对水体的污染主要来自：直接向水体施药；农田使用的农药随雨水或灌溉水向水体的迁移；农药生产、加工企业废水的排放；大气中的残留农药随降雨进入水体；农药使用过程中，雾滴或粉尘微粒随风飘移沉降进入水体以及施药工具和器械的清洗等。一般来讲，只有10%~20%的农药附着在农作物上，而80%~90%则流失在土壤、水体和空气中，在灌水与降水等淋溶作用下污染地下水。不同水体遭受农药污染的程度从高到低依次为：农田水、田沟水、径流水、塘水、浅层地下水、河流水、自来水、深层地下水、海水。

（五）城镇居民生活污水和废弃物对水环境造成严重污染

近年来，随着城镇化步伐的加快，小城镇建设迅猛发展。由此产生的大量生活污水直接排入了水体，再加上人们的环保意识不强，习惯性地把垃圾向河里倾倒，致使我国农村不少地区的小溪和河流变成了黑河。此外，由于大量生产和生活废弃物未经处理排入各种水体，加之公共卫生设施跟不上发展的需要，农村大量人口在饮用不符合标准的水，农村饮用水源也大多受到污染。1993年调查表明，饮用大肠菌群超标水的人口比例有所下降，但饮用有机污染物超标水的人口比例有所增加，达 21.5%。我国人群患病的 88%、死亡的 33% 与生活用水不洁直接相关。

第七节 农村水污染防治对策

最常见的农村水污染是各类面污染源，如农田中使用的化肥、农药，会随雨水径流流入到地表水体或渗入地下水体；畜禽养殖粪尿及乡镇居民生活污水等，也往往以无组织的方式排入水体，其污染源面广而分散，污染负荷也很大，是水污染防治中不容忽视而且较难解决的问题。应采取的主要对策如下。

一、发展节水型农业

农业是我国的用水大户，节约灌溉用水，发展节水型农业不仅可以减少农业用水量，减少水资源的使用，同时可以减少化肥和农药随排灌水的流失，从而减少其对水环境的污染。此外，还可以节省肥料。因而，具有十分重要的意义。

农业节水可以采取的各种措施有：① 大力推行喷灌（图5-6）、滴灌等各种节水灌溉技术；② 制定合理的灌溉用水定额，实行科学灌水；③ 减少输水损失，提高灌溉渠系利用系数，提高灌溉水利用率。

图 5-6　喷灌技术

二、合理利用化肥和农药

化肥污染防治对策有：改善灌溉方式和施肥方式，减少肥料流失；加强土壤和化肥的化验与监测，科学定量施肥。特别是在地下水水源保护区，应严格控制氮肥的施用量；调整化肥品种结构，采用高效、复合、缓效新化肥品种；增加有机复合肥的施用；大力推广生物肥料的使用；加强造林、植树、种草，增加地表覆盖，避免水土流失及肥料流入水体或渗入地下水；加强农田工程建设（如拦水沟埂以及各种农田节水保田工程等），防止土壤及肥料流失。

三、加强对畜禽排泄物的利用

对畜禽养殖业的污染防治应采取以下措施：合理布局，控制发展规模；加强畜禽粪尿的综合利用、改进粪尿清除方式、制定畜禽养殖场的排放标准、技术规范及环保条例；建立示范工程，积累经验逐步推广。图 5-7 为某畜禽厂大中型沼气工程技术图。

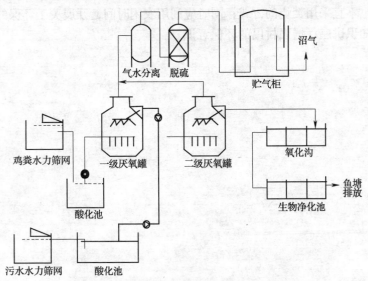

图 5-7 某畜禽厂大中型沼气工程技术示意图

四、提高乡镇企业的污染治理水平

对乡镇企业的建设统筹规划，合理布局，并大力推行清洁生产，实施废物最少量化；限期治理和关闭某些污染严重的乡镇企业（如小造纸、小火电、电镀、印染等企业），对不能达到治理目标的工厂，要坚决关、停、并、转，以防止对环境的污染及危害；切实对乡镇企业实施各项环境管理制度和政策；在乡镇企业集中的地区以及居民住宅集中的地区，逐步完善下水道系统，并新建一些简易的污水处理设施，比如地下渗滤场、稳定塘、人工湿地及各种类型的土地处理系统。提高企业的污水治理技术，减少企业污水对农村水环境的直接污染。

五、提高村民保护水环境意识

各农村居住点应建立固定的垃圾堆放场所，并且及时分类处理，不要将垃圾倒入河水中，以免造成二次污染；塑料袋和纸屑也不宜采用焚烧的方式；同时应利用农闲时间，开展关于环保的知识讲座，增强村民的环保意识。

第六章　农村生活污水处理方法

相对于已经受到广泛关注，并形成产业的城市污水处理而言，农村的污水处理由于受到生产、生活方式、经济发展程度等多因素影响，一直未形成规模。据 2005 年建设部组织的对全国部分村庄调查显示：我国 96% 的村庄没有排水沟渠和污水处理系统，农村生活污水已成为潜在的污染。因此，根据农村生活污水的水质特征和农村生活污水处理的基本要求，选择适合农村生活污水处理的方法就显得极其重要。

第一节　污水处理的基本概念

一、什么是污水

污水是指在生产和生活活动中排放的水的总称。人类在生产和生活活动中要使用大量的水，这些水往往会受到不同程度的污染，被污染的水称为污水。按照来源不同，污水包括生活污水、工业废水及有污染地区的初期雨水和冲洗水等。

二、什么是生活污水

生活污水是人类日常生活中使用过的水，包括厕所、厨房、浴室、洗衣房等处排出的水，通常来自住宅区、公共场所、机关、学校、医院、商店以及工厂生活间，其中含有较多的有机物如蛋白质、动植物脂肪、碳水化合物和氨氮等，还含有肥皂和洗涤剂，以及病原微生物寄生虫卵等，这类污水需要经过处理后才能排入自然水体、灌溉农田或再利用。

三、什么是工业废水

工业废水是在工业生产过程中被使用过、为工业物料所污染且污染物已无回收价值,在质量上已不符合生产工艺要求,必须要从生产系统中排出的水。由于生产类别、工艺过程和使用原材料不同,工业废水的水质繁杂多样。

四、什么是污水处理

污水处理就是采用各种方法和手段,将污水中所含的污染物质分离去除、回收利用或将其转化为无害物质,使水得到净化。

五、污水处理的常用方法

处理污水的方法很多,按对污水中污染物实施的作用不同,大体上可分为两类:一类是通过各种外力作用,把有害物从污水中分离出来,称为分离法。另一类是通过化学或生物的作用,使其转化为无害的物质或可分离的物质,后者再经过分离予以除去,称为转化法。习惯上也按处理的原理不同,将处理方法分为物理处理法、化学处理法和生物处理法三类。

(一) 分离法

污水中的污染物有各种存在形式,大致有离子态、分子态、胶体和悬浮物。存在形式的多样性和污染物特性的各异性,决定了分离方法的多样性,详见表 6-1。

分离法分类一览表 表 6-1

污染物存在形式	分离方法
离子态	离子交换法、电解法、电渗析法、离子吸附法、离子浮选法
分子态	萃取法、结晶法、精馏法、吸附法、浮选法、反渗透法、蒸发法

续表

污染物存在形式	分离方法
胶体	混凝法、气浮法、吸附法、过滤法
悬浮物	重力分离法、离心分离法、磁力分离法、筛滤法、气浮法

（二）转化法

转化法可分为化学转化和生物转化两类。具体见表6-2。

转化法分类一览表　　　　　表6-2

方法原理	转化方法
化学转化	中和法、氧化还原法、化学沉淀法、电化学法
生物转化	活性污泥法、生物膜法、厌氧生物处理法、生物塘等

六、现有污水处理厂常用的分类方法

现代污水处理厂，按处理程度划分，可分为一级处理、二级处理和三级处理。

（一）一级处理

一级处理主要去除污水中悬浮固体和漂浮物质，同时还通过中和或均衡等预处理对污水进行调节、均质以便排入受纳水体或二级处理装置。主要包括筛滤、沉淀等物理处理方法。经过一级处理后，污水的BOD一般可去除30%左右，达不到排放标准仍需进行二级处理。

（二）二级处理

二级处理主要去除污水中胶体和溶解状态的有机污染物物质，主要采用各种生物处理方法，BOD的去除率可达90%以上，处理后出水可达标排放。

(三) 三级处理

三级处理是在一级、二级处理的基础上，对难降解的有机物、氮、磷等营养性物质进一步处理。采用的方法有混凝、过滤、离子交换、反渗透、超滤和消毒等。

污水中的污染物组成相当复杂，往往需要采用几种处理方法的组合，才能达到处理要求。而对于某种污水，采用哪几种处理方法的组合，则要根据污水的水质、水量，经过技术和经济比较后才能决定，必要时还需进行试验。图6-1是污水二级处理的典型流程。

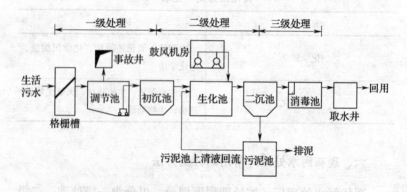

图6-1 污水处理厂的典型流程

七、为什么要在污水处理中进行消毒杀菌

污水需经一级、二级处理，二级处理是污水经一级处理后，用生物处理或化学处理方法，主要去除污水中胶体和溶解性有机污染物的净化过程。但是生活污水和医院、生物制品厂、屠宰场等排出的废水都含有致病菌，这些废水在经物理处理和生物处理后，为防治污染水体传染疾病，在排入水体前，需进行严格消毒，以去除病原体和细菌，降低疾病危险性。

第二节 污水中的主要污染物及指标

一、污水中的主要污染物

污水中的杂质包括水面的漂浮物、水中的悬浮物、沉于底部的可沉物及溶解于水中的固体物质。按照危害特征,污水中的污染物可分为漂浮物、悬浮固体、石油类、耗氧有机物、难降解有机物、植物营养物质、重金属、酸碱、放射性污染物、病原体热污染等。

二、污水的主要污染指标

污水的主要污染指标包括悬浮固体(SS)、浊度、色度、硬度、碱度、酸度、pH 值、含盐量、电导率、溶解氧(DO)、生化需氧量(BOD)、化学需氧量(COD)、总氮(TN)、凯氏氮、总磷(TP)、大肠菌群数和细菌总数等常规指标。

三、悬浮固体(SS)、浊度和色度

(一) 什么是悬浮固体(SS)

悬浮固体(SS)也称为不可过滤物质。将悬浮固体在 600℃高温下灼烧后挥发掉的质量就是挥发性悬浮固体 VSS,VSS 可以粗略代表悬浮固体中有机物的含量;而灼烧后剩余的那部分物质就是不可挥发性悬浮固体,可以粗略代表悬浮固体中无机物的含量。污水中的不溶性悬浮固体的含量和性质随污染物的性质和污染程度而变化。污水和二次沉淀池出水的 SS 常用单位是 mg/L,而曝气池混合液和回流污泥的 SS 常用单位是 g/L。

(二) 水的浊度及其表示方法

水的浊度是一种表示水样的透光性能的指标,是由于水中泥沙、黏土、微生物等细微的无机物和有机物及其他悬浮物使通过水样的光线被散射或吸收而不能直接穿透所造成的,一般

以每升蒸馏水中含有 $1mgSiO_2$（或硅藻土）时对特定光源透过所发生的阻碍程度为 1 个浊度的标准，称为杰克逊度，以 JTU 表示。

浊度是光与水中固体颗粒相互作用的结果，其大小与水中杂质颗粒的大小、性状以及由此引起的对光的折射系数等因素有关。

（三）水的色度

水的颜色有真实颜色和表观颜色两种形式，水质分析中所称的色度通常指水的真实颜色，即仅指水样中溶解性物质产生的颜色，而由溶解性物质和不溶解性悬浮物质共同产生的颜色是水的表观颜色。

四、水的硬度、碱度、酸度和 pH 值

（一）什么是水的硬度

水的硬度是指溶解在水中的盐类物质的含量，即钙盐与镁盐含量的多少。钙镁离子的总合相当于 10mg 氯化钙称之为 1 "度"。通常根据硬度的大小，把水分成硬水与软水：8 度以下为软水，8~16 度为中水，16 度以上为硬水，30 度以上为极硬水。硬度又分为暂时性硬度和永久性硬度。由于水中含有重碳酸钙与重碳酸镁而形成的硬度，经煮沸后可把硬度去掉，这种硬度称为暂时性硬度，又叫碳酸盐硬度；水中含硫酸钙和硫酸镁等盐类物质而形成的硬度，经煮沸后也不能去除，称为永久性硬度。以上暂时性和永久性两种硬度合称为总硬度。

（二）什么是水的碱度

水的碱度是指水中所含有的能与强酸发生中和作用的物质的量。形成碱度的物质有能全部解离出来 OH^- 的强碱（如 NaOH、KOH）、部分解离出 OH^- 的弱碱（如 NH_3、$C_6H_5NH_2$）和强碱弱酸组成的盐类（如 Na_2CO_3、K_3PO_4、Na_2S）等三类。其测定用强酸溶液滴定，以甲基橙为指示剂测得的是上述三种碱度的总和，称为甲基橙碱度或总碱度 ALK；用酚酞为指示剂测得的是

酚酞碱度,包括第一类强碱形成的碱度和第三类强碱盐形成的部分碱度。

(三)什么是水的酸度

水的酸度是指水中所含有的能与氢氧根发生中和作用的物质的量。形成酸度的物质有能全部离解出 H^+ 的强酸(如 HCl、H_2SO_4)、部分离解出 H^+ 的弱酸(H_2CO_3、有机酸)和强酸弱碱组成的盐类(NH_4Cl、$FeSO_4$)等三类。其测定用强碱溶液滴定,用甲基橙为指示剂测得的为甲基橙酸度,包括第一类强酸和第三类强酸盐形成的酸度;用酚酞为指示剂测得的酸度为酚酞酸度,是上述三类酸度的总和,因此也称为总酸度。

(四)什么是 pH 值

pH 值是被测水溶液中氢离子活度的负对数,即 $pH = -\lg\alpha_{H^+}$,是污水处理工艺最常用的指标之一。

五、水的含盐量和电导率

(一)水的含盐量

水的含盐量也称矿化度,表示水中所含盐类的总数量,常用单位是 mg/L。由于水中的盐类均以离子的形式存在,所以含盐量也就是水中各种阴阳离子的数量之和。水的溶解性固体含量比其含盐量要大一些,因为溶解性固体中还含有一部分有机物质。在水中有机物含量很低时,有时也可用溶解性固体近似表示水中的含盐量。

(二)水的电导率

电导率是水溶液低电阻的倒数,单位是 μS/cm。水中溶解的盐类越多,离子含量就越大,水的电导率就越大。

六、溶解氧(DO)

溶解氧(DO)表示的是溶解于水中的原子态氧的数量,单位是 mg/L。水温升高或水中含有消耗氧的有机物,都会导致水中溶解氧含量降低。

七、生化需氧量（BOD）和化学需氧量（COD）

（一）什么是生化需氧量（BOD）

生化需氧量全称为生物化学需氧量，简称为 BOD，它表示在温度为 20℃和有氧的条件下，由于好氧微生物分解水中有机物的生物化学氧化过程中消耗的溶解氧量，也就是水中可生物降解有机物稳定化所需要的氧量，单位为 mg/L。BOD 不仅包括水中好养微生物的增长繁殖或呼吸作用所消耗的氧量，还包括了硫化物、亚铁等还原性无机物所耗用的氧量，但这一部分的所占比例通常很小。

（二）什么是 5 日生化需氧量（BOD_5）

在 20℃的自然条件下，有机物氧化到硝化阶段，即实现全部分解稳定所需时间在 100d 以上，但实际上常用 20℃时 20d 的生化需氧量 BOD_{20} 近似地代表完全生化需氧量。生产应用中仍嫌 20d 的时间太长，一般采用 20℃时 5d 的生化需氧量 BOD_5 作为衡量污水有机物含量的指标。

（三）化学需氧量（COD）

化学需氧量 COD 是指在一定条件下，水中有机物与强氧化剂作用所消耗的氧化剂折合成氧的量，以氧的 mg/L 计。当用重铬酸钾作为氧化剂时，水中有机物几乎可以全部（90%～95%）被氧化，此时所消耗的氧化剂折合成氧的量即是通常所称的化学需氧量，常简写为 COD_{Cr}。污水的 COD_{Cr} 值不仅包含了水中的几乎所有有机物被氧化的耗氧量，同时还包括了水中亚硝酸盐、亚铁盐、硫化物等还原性无机物被氧化的耗氧量。

八、污水中的凯氏氮、总氮（TN）和总磷（TP）

（一）什么是凯氏氮

氨氮是水中以 NH_3 和 NH_4^+ 形式存在的氮，它是有机氮化物氧化分解的第一步产物，是水体受污染的一种标志。有机氮和氨氮的总和可以使用凯氏氮法测定，因而又称为凯氏氮。

(二) 什么是总氮 (TN)

总氮为水中有机氮、氨氮、亚硝酸盐氮和硝酸盐氮的总和，也就是凯氏氮与总氧化氮之和。

(三) 什么是总磷 (TP)

磷酸盐和有机磷之和称为总磷，是一项重要的水质指标。

九、大肠菌群数和细菌总数

(一) 什么是大肠菌群

大肠菌群数细菌是肠道好氧菌中最普遍和数量最多的一类细菌，所以常将其作为粪便污染的指示菌。人体饮用或接触大肠菌群超标的水，就可能引起肠道传染疾病，大肠菌群细菌是指一类好氧或兼性厌氧、能发酵乳糖、革兰氏染色阴性、无芽孢的杆菌，因此有时也称粪大肠菌群或大肠杆菌，大肠菌群细菌在乳糖培养基中经37℃、24h培养后，能产酸产气。

(二) 什么是细菌总数

细菌总数是指1mL水样在营养琼脂培养基中，经37℃、24h培养后所生长的菌落数。计量单位是每毫升水中所含有的总菌数，这是一种测定水中好氧和兼性厌氧的异养菌密度的方法。

第三节 农村生活污水处理的基本要求

一、农村生活污水的特点

(1) 村镇人口较少，分布广而且分散，生活污水水质、水量波动性大，排水管网很不健全，因此，所选污水处理工艺的抗冲击、负荷能力强，且宜就近单独处理。

(2) 来源多。除了来自人粪便、厨房产生的污水外，还有家庭清洁、生活垃圾堆放渗滤而产生的污水。例如，太湖洗衣废水占生活污水的21.6%，巢湖、滇池大约为17.9%。

(3) 村镇污水的成分比较单一，远不及城市污水那么复杂，其中含有的大量有机物和氮磷等污染物，因此，适宜选择生物处理方法。

（4）增长快。随着农民生活水平的提高及农村生活方式的改变，生活污水的产生量也随之增长。

（5）处理率低。以浙江省丽水市的农村污染情况为例，每年全市农村人粪尿产生总量约 180 万 t，经化粪池处理的量约为 23.03 万 t，处理率仅为 12.9%。

二、农村生活污水处理的基本要求

（1）村镇经济力量薄弱，因此，污水处理应充分考虑造价低、运行费用少、低能耗或无能耗的工艺。

（2）村镇缺乏污水处理专业人员，所选工艺应运行管理简单，易于操作，且维护方便。

第四节　农村生活污水处理方法

根据农村生活污水的水质特征和农村生活污水处理的基本要求，适合农村生活污水处理的方法主要有生物处理方法、土地处理方法及湿地处理方法。

一、生物处理方法

生物方法处理生活污水是利用微生物的新陈代谢作用来处理污水中有机污染物的方法。按照微生物对氧气的要求不同，生物法也相应地分为好氧生物处理法和厌氧生物处理法。对污水进行生物处理时，先要培养和引入微生物。

（一）好氧生物处理

1. 什么是好氧生物处理

好氧生物处理是在有氧（分子氧）存在的条件下，好氧微生物降解有机物，使其稳定、无害化的处理方法。微生物利用污水中存在有机物作为营养源进行好氧代谢，有机物可作为细菌的食料，一部分被降解，合成为细胞物质（组合代谢产物），另一部分被降解，氧化为水、二氧化碳、氨等（分解代谢产物），从而达到降解有机污染物的目的。好氧生物处理的反应速度较快，反应时间较短，因而处理构筑物容积较小，而且处理过程中散发的臭气较少，尤其适用于有机物浓度较低的生活污水的处理。

2. 五级跌水充氧生物接触氧化法处理农村生活污水

詹旭等人采用五级跌水充氧生物接触氧化法对农村污水进行试验。结果表明：在平均水温为 9.6℃，当水力停留时间（HRT）为 4h、进水流量为 250 L/h 时，该工艺对 COD_{Mn}、氨氮、总氮、总磷的去除率分别达到 26.58%、4.95%、8.87%、6.64%，试验取得初步效果。此方法在缓解农村地区水环境污染问题的同时，能用较少的投资和运行费用，其整体效益较明显。图 6-2 为五级跌水生物接触氧化工艺流程。

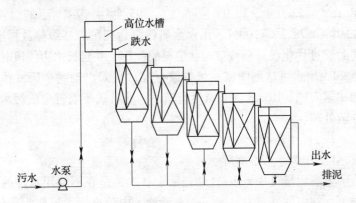

图 6-2　五级跌水生物接触氧化工艺流程

（二）厌氧生物处理

1. 什么是厌氧生物处理

厌氧生物处理是在没有游离氧存在的条件下，兼性细菌与厌氧细菌降解和稳定有机物的生物处理方法。在厌氧生物处理过程中，复杂的有机化合物被降解、转化为简单的化合物，同时释放能量。在这个过程中，有机物的转化分为 3 部分：一部分为沼气

(CH_4),这是一部分可燃气体,可回收利用;一部分被分解为CO_2、H_2O、NH_3和H_2S等无机物,并为细胞合成提供能量;剩余部分的少量有机物被转化、合成新的原生质。污水的厌氧生物处理具有处理效果好、不需另加氧源、运行费用低、操作简单、剩余污泥量少、可回收沼气等优点。

2. 地埋式无动力厌氧处理农村生活污水

浙江大学沈东升等人根据厌氧生物膜技术和推流原理,采用内充空心球状填料的地下厌氧管道式或折流式反应器为处理设备,研究了农村生活污水地埋式无动力厌氧达标处理技术(UUAR)。经过一年多的小试、中试及实际应用,结果表明,在水力停留时间1d及常温条件下,该技术对农村生活污水COD_{Cr}、BOD_5、SS、TN、TP、大肠菌群、细菌总数和蛔虫卵的平均去除率分别达到66.1%~68.3%、70.8%~76.8%、80.5%~90.2%、18.26%~23.0%、33.9%~35.2%、95.8%~99.8%、37.4%~82.9%和78.7%~100%,出水水质稳定达到国家二级排放标准,同时通过优化设计和调节球状填料的配比,并延长水力停留时间至2d,出水可达到国家一级排放标准,且未出现剩余厌氧污泥的积累问题。UUAR无日常运行费用,非常适于农村生活污水的分散处理。

(三)生态厕所

1. 什么是生态厕所

生态厕所(Biotoilet)最先见于日本,是在不使用水冲的前提下,在座便器下方建造一长方形池,内填充锯木屑作为载体,并辅以较小的动力搅拌,通过有氧微生物的放热发酵,将排泄物转化为无臭味的气体(水和CO_2)和较干燥的有机肥。

2. 生态厕所的特点

生态厕所特点是:不需要用水,节约了大量的水资源;厕所内无臭味,不需要掏厕所;锯木屑本身是一种废弃物,到处可以找到;有机肥回用部分解决了化肥施用过大的问题,减少了对水体的污染。

二、土地处理方法

土地处理方法是利用土壤—微生物—植物的陆地生态系统的自我调控机制和对污染物的综合净化功能来净化生活污水。其优点是：不仅可以有效而经济地净化水质，同时可以通过营养物质和水分的生物地球化学循环，促进绿色植物生长并使其增产，饲养水产，节省能源，绿化大地，改善环境，建立良好的生态环境，从而实现污水的资源化和无害化，非常适于农村生活污水处理。土地处理系统可分为快速渗滤、慢速渗滤和地表漫流等几种基本形式。

（一）快速渗滤法

1. 什么是快速渗滤法

快速渗滤是将污水有计划地投配到具有良好渗滤性能的土壤表面，污水在向下渗透过程中由于生物氧化、硝化、反硝化、过滤、沉淀、氧化和还原等一系列作用而得到净化的一种土地处理方法。

2. 快速渗滤的设计要求

快速渗滤的水流途径和水量平衡示意图如图6-3、6-4所示。实际水流途径是由污水在土壤中的流动特性和处置场地地下水流向确定的。快速渗滤法淹水/干燥交替运行，能使渗滤地表面在干燥期恢复好氧环境中得到再生，也有利于水的下渗和排除。快速渗滤场对水文地质条件的要求较其他土地处置工艺类型更为严格。快速渗滤法的水力负荷范围为6～122m/a，降水和蒸发量与水力负荷相比非常小，投配污水中绝大部分水量经土壤向下迁移。快速渗滤法的效率很高，净化后可以回收再用。因此，快速渗滤法的设计包括污水处理和再生水回收利用两部分。再生水季节性的贮存在具有回收系统的处置场地之下，到作物生长季节取出用于农业灌溉，一方面可以满足对水质要求较高的灌溉要求，另一方面也可以节约水资源。

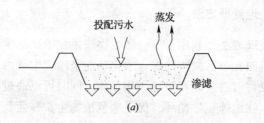

图 6-3 快速渗滤污水处理系统

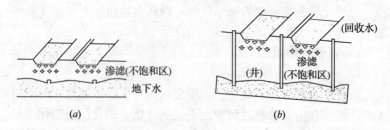

图 6-4 快速渗滤污水处理 – 回收系统
（a）借地下排水管收集再生水；（b）借井群收集再生水

（二）慢速渗滤法

1. 什么是慢速渗滤法

慢速渗滤法是将污水投配到种有作物的土壤表面，污水在流经地表土壤 – 植物系统时得到充分净化的一种土地处理方法，如图 6-5 所示。

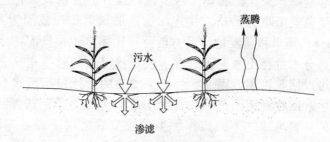

图 6-5 慢速渗滤法

2. 慢速渗滤的设计要求

在慢速渗滤处置系统中,投配的污水一部分被作物吸收,一部分渗入地下。设计时一般要使流出处置场地的水量为零。设计的水流途径取决于污水在土壤中的迁移特性,以及处理场地下水的流向。污水的投配方式可以采用畦灌、沟灌及可升降或可移动的喷灌系统,设计可根据场地条件和工艺目标选择。慢速渗滤法的工艺目标是:① 处置污水;② 利用水和营养物质种植商品性农作物;③ 在干旱地区,用污水代替清洁水进行灌溉,节约清洁水;④ 开发荒地,发展草地和林地。

上述目标之间虽然不是完全抵触的,但在一个系统中一般都要突出一个主要目标。例如,在湿润地区,主要是处置污水,并不特别重视污水的利用;而干旱地区,则把污水看作重要水源,希望在尽可能大的土地面积上利用污水,以便获得更好的农业收成。

(三)地表漫流处理方法

1. 什么是地表漫流处理方法

地表漫流处理方法是将污水有控制地投配到生长多年牧草、坡度和缓、土壤渗透性低的坡面上,污水在地表以薄层沿坡面缓慢流动过程中得到净化的一种污水土地处理方法,如图 6-6 所示。

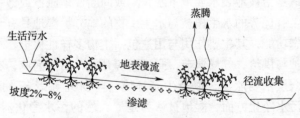

图 6-6 地表漫流

2. 地表漫流处理方法的特点

地表漫流处理方法是以处理污水为主,兼有生长牧草功能的污水处理方法。它对预处理要求低,出水以地表径流收集为主,对地下水的影响最小。在处理过程中，只有少部分水量因蒸发和入渗地下而损失掉，大部分径流水汇入集水沟。

3. 地表漫流处理方法的工艺目标

地表漫流处理方法的工艺目标是：① 在较低水平的水质预处理（例如过筛污水）和省去污泥处理的情况下，取得二级处理出水的水质净化效果；② 对 BOD、SS 和氮的去除可以达到较高的程度；③ 利用水和其所含的营养物种植作物，可以取得一定的经济效益。

4. 地表漫流处理污染物的基本原理

在地表漫流处置系统中，对 BOD、SS 的去除是在类似固定膜生物处理构建物中发生的生物氧化、过滤和沉淀等作用的结果。氮的去除是靠作物吸收、脱氮和氨氮挥发等几种作用的联合效果。在某一特定情况下，哪一种机制起主要作用，取决于污水中氮的存在形式，可利用碳源的数量，以及温度、污水投配率等因素。磷的去除过程与其他土地处置工艺一样，是通过吸附、沉淀作用实现的。但由于污水与土体结构接触的限制，磷一般只能去除 50% ~ 70%。

三、湿地处理方法

（一）什么是湿地

湿地是指被地表水或地下水长期或间断性地淹没或饱和，并通常伴生有优势的水生植被与水生生物的地方。湿地具有十分强大的生态功能，其主要作用与用途包括生物多样性保护，水源净化、保护与供给，气候调节，野生资源开发，沼泽渔业，农业灌溉，大众娱乐与旅游，以及生态环境科学研究等诸多方面。例如，在污水净化方面，湿地被认为是"天然的污水净化器"。与常规的污水处理系统相比，湿地技术更廉价、更易操作和更能长久维持，而且几乎不需要消耗化石燃料和化学药品。目前，全世界至少有数千个人工与自然湿地用于污水处理，每个面积从不足 $200m^2$ 到 $4000hm^2$ 不等。

（二）什么是自然湿地

自然湿地是陆地与水体之间的过渡地带，是一种高功能的生态系统，具有独特生态结构和功能。自然湿地能净化污水，是自然环境中自净能力很强的区域之一。

芦苇是自然湿地生态系统中最常见的挺水植物，属于禾本科，具有很广的适应性和很强的抗逆性，是一种很好的净水植物。芦苇湿地污水处理系统是兼于土地处理与水生生物处理之间的自然处理系统。该组合系统在运行时污水缓慢地流过生长植物的地表，土壤支撑植物，植物光合作用产生氧气，不断地向土壤和水中输送，于是污染物就在天然的土壤 - 植物 - 微生物系统中得到净化。

（三）自然湿地是否可以用来处理污水

是否可用天然湿地处理污水一直是一个争议的话题，尽管许多研究表明，天然湿地总体上具有高效或强大的污水处理能力，但是人们始终担心：污水中的有毒物质和病菌是否会对湿地造成严重危害，特别是对生物多样性带来损害？长期高负荷地承载污水是否会导致湿地功能退化，甚至导致湿地本身的消亡？另外，天然湿地的地理位置固定，其中，一些偏僻遥远，不便开展污水处理，而且，并非所有的天然湿地都有良好的处理功能。因此，为了保护天然湿地，保护生物的多样性，世界上许多国家都采用人工湿地来模拟自然湿地对污水进行处理。

（四）什么是人工湿地

人工湿地是指通过模拟天然湿地的结构与功能，选择一定的地理位置与地形，根据人们的需要人为设计与建造的湿地。

（五）人工湿地处理污水的优点

通常的污水处理方法成本大、技术要求高、管理复杂。而人工湿地系统具有建造成本较低，运行、管理费用低，能耗低，操作简单等优点。

（六）构成人工湿地的基本要素

构成人工湿地的基本要素主要包括水体、基质（主要由土壤、砂和卵石组成）、水生植物和微生物。

（七）人工湿地处理污水的基本原理

人工湿地系统是一种生态系统，系统建有一系列水平高差由高到低的植物池，池内填有特殊的填料，在填料上种植特定的湿地植物，当污水在重力作用下依次通过阶梯式植物池，污染物质和营养被植物系统吸收或分解，使水质得到净化，具体过程见图6-7。特殊填料是由两部分组成。网状隔膜下是用不同级配的砾石滤料，网状隔膜上部是特殊土壤，是采用一定材料配比制成的生物载体，既适宜湿地植物的生长，又有一定的孔隙。污水中的有机物在特殊土壤中被吸附、凝集并在土壤中微生物的作用下得到降解；同时污水中的氮、磷、钾等作为植物生长所需的营养物质被湿地植物根系吸收利用。经过土壤和土壤中的微生物的吸附降解作用，以及填料的渗滤作用和植物的吸收作用，最终使进入湿地系统的污水得到有效净化。

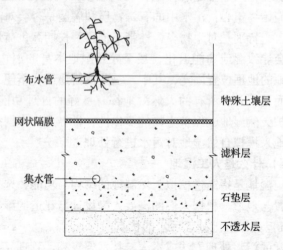

图6-7　人工湿地净化污水示意图

（八）人工湿地的分类

人工湿地根据湿地中种植植物的主要类型可分为浮生植物（主要品种有浮萍、睡莲等）系统、挺水植物（主要指芦苇、蒲草、水葱、香蒲、灯心草等）系统和沉水植物（主要品种有苦草、菹草、伊乐藻、茨藻、金鱼藻等）系统。目前一般用来处理污水的人工湿地都是挺水植物系统。挺水植物系统又可根据污水在湿地中流动的方式而分为三种类型，即地表流湿地、潜流湿地和垂直流湿地。

（九）人工湿地处理方法介绍

1. 地表流湿地

地表流湿地系统也称水面湿地系统。在地表流湿地系统中，污水在湿地的表面流动，水位较浅，多在 0.1~0.9m 之间。这种系统与自然湿地最为接近，污水中的大部分有机污染物的去除是依靠生长在植物水下部分的茎、竿上的生物膜来完成的。该种湿地系统的优点是投资低；缺点是处理能力低、卫生条件差，在我国北方一些地区由于冬季气候寒冷而不能正常运行。

2. 潜流湿地

潜流湿地系统也称渗滤湿地系统。在潜流湿地系统中，污水在湿地床的内部流动。因而一方面可以充分利用基质表面生长的生物膜、丰富的根系及表层土和基质的截留等作用，以提高其处理效果和处理能力；另一方面则由于水流在地表下流动，故具有保温性能好、处理效果受气候影响小、卫生条件较好等优点。是目前研究和应用较多的一种湿地处理系统。但这种处理系统的投资要比表面流系统高些，对氮、磷的去除效果不如地表流湿地系统好。

3. 垂直流湿地

垂直流湿地系统中的水流综合了地表流湿地系统和潜流湿地系统的特性，水流在基质床中基本呈由上向下的垂直流，水流流经床体后被铺设在出水端底部的集水管收集而排出处理系统。这种系统的基建要求较高，较易滋生蚊蝇，目前研究的不多。

（十）人工湿地的设计过程

由于人工湿地污水处理系统尚处于开发和应用研究阶段，还缺乏比较成熟的设计参数，其工艺设计也还处于经验阶段。一般而言,设计过程主要包括以下几个步骤。① 水量和污水水质以及厂址的确定;② 污水处理工艺的选择;③ 工艺参数的确定和工艺计算;④ 人工湿地植物的选择;⑤ 人工湿地系统的工程设计。人工湿地系统从启动到成熟所需的时间随各地的情况不同而有所不同,一般要 2 年左右。

(十一)人工湿地处理农村生活污水的实例

清华大学的刘超翔等人在滇池流域农村进行了人工湿地处理生活污水的试验,并在试验的基础上进行了湿地生态处理系统设计。设计处理水量 $80m^3/d$;设计进水水质:COD 为 200mg/L,总氮为 30mg/L,氨氮为 23mg/L,总磷为 5mg/L;设计出水水质:COD 去除率 ≥80%,总氮去除率 ≥85%,总磷去除率 ≥85%。采用表面流人工湿地、潜流式人工复合生态床和生态塘组合工艺,表面流人工湿地水力负荷为 4cm/d,地面以上维持 30cm 的自由水位,湿地内种植茭白和芦苇,潜流湿地水力负荷为 30cm/d,床深 80cm,里面填充炉渣,上部种植水芹,运行成本仅为 0.03 元/m^3。

第七章 农村水环境保护与污染治理

近年来,随着城市的不断扩张,城市的环境污染正迅速地向农村蔓延,乡镇企业的迅速发展,加速农村的水污染。同时,小城镇的兴起和农村居住条件的迅速变化,使生活污水成为重要的污染源,加重了农村地区的水环境恶化。此外,农业生产中化肥和农药的过量施用,也造成农田大面积的面源污染。因此,提高农民保护水环境的意识,保护农村水环境已具有重要的现实意义,而对已受到污染的农村水环境进行综合治理也已势在必行。

第一节 地表水体功能划分与保护标准

一、地表水体的主要特征

(1) 中小河流、湖泊(水库)污染极为严重。
(2) 地表水体的自然生态系统严重退化。
(3) 污染物数量大、种类多。
(4) 非点源污染的影响越来越突出。
(5) 水量小、流速慢。

二、地表水污染对地下饮用水的影响

地表水污染了也会引起地下饮用水污染。因为:
(1) 地表水与地下饮用水通过土地的毛细管或者岩石的裂缝相通;
(2) 当天气干旱时,地下水下降,受到污染的地表水就会下渗到地下,当抽取地下水时,地下水下降越多,地表水就下渗越深,因此,抽上的地下水就有受到污染的地表水成分。

但是，地下水受到污染的程度，与抽取的地下水的深度有关，一般深层地下水受到污染的程度低，或者不会受到污染。

三、地表水体功能划分

为贯彻《中华人民共和国环境保护法》和《中华人民共和国水污染防治法》，防治水污染，保护地表水水质，保障人体健康，维护良好的生态系统，应按照地表水环境功能进行分类和保护。

我国地表水体功能区共分五类：Ⅰ类适用于源头水和国家自然保护区；Ⅱ类适用于集中式生活饮用水水源地一级保护区、珍贵鱼类保护区和鱼虾产卵场等；Ⅲ类适用于集中式生活饮用水水源地二级保护区、一般鱼类保护区及游泳区；Ⅳ类适用于一般工业用水区及人体非直接接触的娱乐用水区；Ⅴ类适用于农业用水区及一般景观要求水域。

四、地表水环境质量标准

对应地表水上述五类水域功能，将地表水环境质量标准基本项目标准值分为五类，不同功能类别分为执行相应类别的标准值（表7-1）。水域功能类别高的标准值严于水域功能类别低的标准值。同一水域兼有多类使用功能的，执行最高功能类别对应的标准值。实现水域功能与达功能类别标准为同一含义。

地表水环境质量标准基本项目标准限值（单位：mg/L） 表7-1

序号	分类标准值 项目	Ⅰ类	Ⅱ类	Ⅲ类	Ⅳ类	Ⅴ类
1	水温（℃）	人为造成的环境水温变化应限制在：周平均最大温升≤1 周平均最大温降≤2				
2	pH值（无量纲）	6~9				
3	溶解氧（%）≥	饱和率90% （或7.5）	6	5	3	2

续表

序号	项目 标准值 分类	I类	II类	III类	IV类	V类
4	高锰酸盐指数 ≤	2	4	6	10	15
5	化学需氧量（COD）≤	15	15	20	30	40
6	五日生化需氧量（BOD5）≤	3	3	4	6	10
7	氨氮（NH_3-N）≤	0.15	0.5	1.0	1.5	2.0
8	总磷（以P计）≤	0.02（湖、库0.01）	0.1（湖、库0.025）	0.2（湖、库0.05）	0.3（湖、库0.1）	0.4（湖、库0.2）
9	总氮（湖、库、以N计）≤	0.2	0.5	1.0	1.5	2.0
10	铜 ≤	0.01	1.0	1.0	1.0	1.0
11	锌 ≤	0.05	1.0	1.0	2.0	2.0
12	氟化物（以F^-计）≤	1.0	1.0	1.0	1.5	1.5
13	硒 ≤	0.01	0.01	0.01	0.02	0.02
14	砷 ≤	0.05	0.05	0.05	0.1	0.1
15	汞 ≤	0.00005	0.00005	0.0001	0.001	0.001
16	镉 ≤	0.001	0.005	0.005	0.005	0.01
17	铬（六价）≤	0.01	0.05	0.05	0.05	0.1
18	铅 ≤	0.01	0.01	0.05	0.05	0.1
19	氰化物 ≤	0.005	0.05	0.2	0.2	0.2
20	挥发酚 ≤	0.002	0.002	0.005	0.01	0.1

续表

序号	分类 标准值 项目	I类	II类	III类	IV类	V类
21	石油类≤	0.05	0.05	0.05	0.5	1.0
22	阴离子表面活性剂≤	0.2	0.2	0.2	0.3	0.3
23	硫化物≤	0.05	0.1	0.05	0.5	1.0
24	粪大肠菌群（个/L）≤	200	2000	10000	20000	40000

制定水环境质量标准的主要依据是水质基准。水质基准是为保护水生生物和人体健康推荐的污染物浓度的科学参考值。目前我国已颁布实施的地表水环境质量标准主要有《生活饮用水水质标准》、《渔业水质标准》、《地表水环境质量标准》。

第二节　地表水水质指标

地表水水质指标是表示地表水中某一种或一类物质的含量，常直接用其浓度表示，有些水质指标则是利用某一类物质的共同特性来间接反映其含量。例如水中有机物质具有易被氧化的共同特性，可用其耗氧量作为有机物含量的综合性指标；还有一些水质指标是同测定方法直接联系的，例如色度等用人为规定的并配制某种人工标准溶液作为衡量的尺度。水质指标按其性质不同，可分为物理的、生物的和化学的指标。

一、物理性水质指标

地表水环境的物理指标项目颇多，包括温度、色度、嗅和味、固体物质等常规水质指标。

（一）温度

温度是最常用的物理指标之一。由于水的许多物理特性、水中进行的化学过程和生物过程都同温度有关，所以它经常是必须加以测定的。地表水的温度与季节气候条件有关,其变化范围大约在 0.1~30℃。

许多工业排出的废水都有较高的温度,这些废水排放水体使水温升高,引起水体的热污染。水温升高影响水生生物的生存和对水资源的利用。氧气在水中的溶解度随水温升高而减少。这样,一方面水中溶解氧减少,另一方面水温升高加速耗氧反应,最终导致水体缺氧或水质恶化。

(二)色度

色度是一项感官性指标。一般纯净的天然水是清澈透明的,即无色的。但带有金属化合物或有机化合物等有色污染物的污水呈现各种颜色。将有色污水用蒸馏水稀释后与参比水样对比,一直稀释到二水样色差一样,此时污水的稀释倍数即为其色度。

(三)嗅和味

嗅和味同色度一样也是感官性指标,可定性反映某种污染物的多寡。天然水是无嗅无味的。当水体受到污染后会产生异样的气味。水的异臭来源于还原性硫和氮的化合物、挥发性有机物和氯气等污染物质。不同盐分会给水带来不同的异味。如氯化钠带咸味,硫酸镁带苦味,铁盐带涩味,硫酸钙略带甜味等。

(四)固体物质

天然水体中所含物质大部分属于固体物质,经常有必要测定其含量作为直接的水质指标。各种固体含量可以分为以下几类:

(1)总固体。即水样在一定温度下蒸发干燥后残存的固体物质总量,也称蒸发残留物。

(2)悬浮性固体。即将水样过滤,截留物烘干后的残存的固体物质的量,也就是悬浮物质的含量,包括不溶于水的泥土、有机物、微生物等。

(3)溶解性固体。即水样过滤后,滤液蒸干的残余固体量。包括可溶于水的无机盐类及有机物质。

总固体量是悬浮固体和溶解性固体二者之和。此外还有可沉降固体，固体的灼烧减重等指标。各种固体含量的测定都是以重量法进行的，测定时蒸干温度对结果的影响很大。一般规定的 105~110℃，不能彻底赶走硫酸钙、硫酸镁等结晶水。不易得到固定不变的重量；若在 180℃蒸干，所得结果虽比较稳定，但由于一些盐类如 $CaCl_2$、$Ca(NO_3)_2$、$MgCl_2$、$Mg(NO_3)_2$ 等具有强烈的吸湿性，极易吸收空气中的水分，在称量时也不易得到满意的结果。因此测定的结果比较粗略。

二、化学性水质指标

利用化学反应、生物化学的反应及物理化学的原理测定的水质指标，总称为化学指标。由于化学组成的复杂性，通常选择适当的化学特性进行检查或作定性、定量的分析。根据不同的分析方法可以把化学指标归纳如下：

（一）有机物指标

生活污水和某些工业废水中所含的碳水化合物、蛋白质、脂肪等有机化合物在微生物作用下最终分解为简单的无机物质、二氧化碳和水等。这些有机物在分解过程中需要消耗大量的氧，故属耗氧污染物。耗氧有机污染物是使水体产生黑臭的主要因素之一。

污水中有机污染物的组成较复杂，现有技术难以分别测定各类有机物的含量，通常也没有必要。从水体有机污染物看，其主要危害是消耗水中溶解氧。在实际工作中一般采用生物化学需氧量（BOD）、化学需氧量（COD）、总有机碳（TOC）、总需氧量（TOD）等指标来反映水中需氧有机物的含量。

（二）无机性指标

无机性指标主要指植物营养元素氮和磷、pH 值及重金属。水体中 N、P 含量的高低与水体富营养化程度有密切关系。就污水对水体富营养化作用来说，P 的作用远大于 N；pH 值主要是指示水样的酸碱性。pH<7 是酸性；pH>7 是碱性。一般要求处理后污水的 pH 值在 6~9 之间。天然水体的 pH 值一般为 6~9，当受到酸碱污染时 pH 值发生变化，消灭或抑制水体中生物的生长，妨碍水体自净，还会腐蚀船舶。若天然水体长期遭受酸、碱污染，将使水质逐渐酸化或碱化，从而对正常生态系统产生影响；重金属主要指汞、镉、铅、铬、镍，以及类金属砷等生物毒性显著的元素，也包括具有一定毒害性的一般重金属，如锌、铜、钴、锡等。

三、生物学水质指标

（一）细菌总数

水中细菌总数反映了水体受细菌污染的程度。细菌总数不能说明污染的来源，必须结合大肠菌群数来判断水体污染的来源和安全程度。

（二）大肠菌群

水是传播肠道疾病的一种重要媒介，而大肠菌群被视为最基本的粪便污染指示菌群。大肠菌群的值可表明水样被粪便污染的程度，间接表明有肠道病菌（伤寒、痢疾、霍乱等）存在的可能性。

第三节 地下水功能划分与保护标准

一、地下水质量分类

依据我国地下水水质现状、人体健康基准值及地下水质量保护目标，并参照了生活饮用水、工业、农业用水水质要求，将地下水质量划分为五类：

Ⅰ类：主要反映地下水化学组分的天然低背景含量，适用于各种用途。

Ⅱ类：主要反映地下水化学组分的天然背景含量，适用于各种用途。

Ⅲ类：以人体健康基准值为依据，主要适用于集中式生活饮用水水源及工、农业用水。

Ⅳ类：以农业和工业用水要求为依据，除适用于农业和部分工业用水外，适当处理后可作为生活饮用水。

Ⅴ类：不宜饮用，其他用水可根据使用目的选用。

二、地下水质量标准

地下水质量标准见表7-2。

地下水质量标准　　　　　表7-2

序号	分类 标准值 项目	Ⅰ类	Ⅱ类	Ⅲ类	Ⅳ类	Ⅴ类
1	色（度）	≤5	≤5	≤15	≤25	>25
2	嗅和味	无	无	无	无	有
3	浑浊度（度）	≤3	≤3	≤3	≤10	>10
4	肉眼可见物	无	无	无	无	有
5	pH	6.5~8.5	6.5~8.5	6.5~8.5	5.5~6.5 8.5~9	<5.5, >9
6	总硬度（以 $CaCO_3$ 计）（mg/L）	≤150	≤300	≤450	≤550	>550
7	溶解性总固体（mg/L）	≤300	≤500	≤1000	≤2000	>2000
8	硫酸盐（mg/L）	≤50	≤150	≤250	≤350	>350
9	氯化物（mg/L）	≤50	≤150	≤250	≤350	>350
10	铁（Fe）（mg/L）	≤0.1	≤0.2	≤0.3	≤1.5	>1.5
11	锰（Mn）（mg/L）	≤0.05	≤0.05	≤0.1	≤1.0	>1.0
12	铜（Cu）（mg/L）	≤0.01	≤0.05	≤1.0	≤1.5	>1.5
13	锌（Zn）（mg/L）	≤0.05	≤0.5	≤1.0	≤5.0	>5.0

续表

序号	分类 标准值 项目	I类	II类	III类	IV类	V类
14	钼（Mo）（mg/L）	≤0.001	≤0.01	≤0.01	≤0.5	>0.5
15	钴（Co）（mg/L）	≤0.005	≤0.05	≤0.05	≤1.0	>1.0
16	挥发性酚类（以苯酚计）（mg/L）	≤0.001	≤0.001	≤0.002	≤0.01	>0.01
17	阴离子表面活性剂（mg/L）	不得检出	≤0.01	≤0.03	≤0.03	>0.03
18	高锰酸盐指数（mg/L）	≤1.0	≤2.0	≤3.0	≤10	>10
19	硝酸盐（以N计）（mg/L）	≤2.0	≤5.0	≤20	≤30	>30
20	亚硝酸盐（以N计）（mg/L）	≤0.001	≤0.01	≤0.02	≤0.1	>0.1
21	氨氮（NH_4-N）（mg/L）	≤0.02	≤0.02	≤0.2	≤0.5	>0.5
22	氟化物（mg/L）	≤1.0	≤1.0	≤1.0	≤2.0	>2.0
23	碘化物（mg/L）	≤0.1	≤0.1	≤0.2	≤1.0	>1.0
24	氰化物（mg/L）	≤0.001	≤0.01	≤0.05	≤0.1	>0.1
25	汞（Hg）（mg/L）	≤0.00005	≤0.00005	≤0.001	≤0.001	>0.001
26	砷（As）（mg/L）	≤0.005	≤0.01	≤0.05	≤0.05	>0.05
27	硒（Se）（mg/L）	≤0.01	≤0.01	≤0.01	≤0.1	>0.1
28	镉（Cd）（mg/L）	≤0.0001	≤0.001	≤0.005	≤0.01	>0.01
29	铬（六价）（Cr^{6+}）（mg/L）	≤0.005	≤0.01	≤0.05	≤0.05	>0.05

续表

序号	分类 标准值 项目	Ⅰ类	Ⅱ类	Ⅲ类	Ⅳ类	Ⅴ类
30	铅（Pb）（mg/L）	≤0.005	≤0.01	≤0.05	≤0.05	>0.05
31	铍（Be）（mg/L）	≤0.00002	≤0.00001	≤0.00002	≤0.001	>0.001
32	钡（Ba）（mg/L）	≤0.01	≤0.1	≤1.0	≤4.0	>4.0
33	镍（Ni）（mg/L）	≤0.005	≤0.05	≤0.05	≤0.1	>0.1
34	滴滴涕（μg/L）	不得检出	≤0.005	≤1.0	≤1.0	>1.0
35	六六六（μg/L）	≤0.005	≤0.05	≤5.0	≤5.0	>5.0
36	总大肠菌群（个/L）	≤3.0	≤3.0	≤3.0	≤100	>100
37	细菌总数（个/mL）	≤100	≤100	≤100	≤1000	>1000
38	总α放射性（Bq/L）	≤0.1	≤0.1	≤0.1	>0.1	>0.1
39	总β放射性（Bq/L）	≤0.1	≤0.1	≤0.1	>1.0	>1.0

三、地下水水质指标

地下水中的污染物往往比较复杂，污染物种类繁多，其中多数是人为作用产生的，少数是自然作用产生的，主要指标包括：铅、氨氮、氟化物、氯化物、铁、锰、石油、阴离子洗涤剂、有机氯及亚硝酸盐氮等。其中，造成地下水质量较差的主要原因是地下水中的氨氮与氟化物，给我国饮用水水质安全带来严重威胁。

第四节 截污控源技术

目前，农村居民在生活水平提高的同时，生活方式并没有随之发生很大变化，还是按照传统习惯将生活污水随处泼洒或就势排入低洼处，未采取任何防渗措施。据2005年建设部对全国部分村庄的调查显示，96%的农村未设排水沟渠和污水处理系统。这是由于农村地区的居民居住分散，对生活污水进行统一处理有较大难度，从而导致农村地区生活污水对水源的污染呈上升趋势，不同程度地污染了农村环境，影响了农民的身体健康。为了做好农村水环境污染控制，建设好截污系统是关键。在距城市较近的村庄可以就近接入城市市政工程截污系统，距离城市较远的可利用农村洼陷结构截污系统来实现对农村生活污水和农用排水的控制。

一、市政工程截污系统

市政工程截污系统主要分为：截流式截污合流系统和分流式截污排水系统两大类，其中后者可细分为完全分流截污排水系统、不完全分流截污排水系统和半分流截污排水系统三种。

（一）截流式截污合流系统

1. 截流式截污合流系统

截流式截污合流系统是将生活污水、工业废水和雨水混合在同一套沟道内截流排除的系统。早期的排水系统只是将混合污水不经处理和利用，就近就直接排入水体，系统并没有起到截污的作用，仅作为排水系统使用，对水体污染非常严重（图7-1）。早期的国内外的老城市几乎都是采用这一系统，在后来的老城市改造中，在原来的排水系统的基础上，沿水体岸边增建一条截流干沟，并在干沟末端设置有污水厂，在截流干沟和原干沟相交处还多设置了溢流井，形成了今天具有截污功能的截流式截污合流系统（图7-2）。

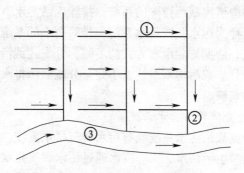

图7-1　早期的排水系统
①合流支沟；②合流干沟；③河流

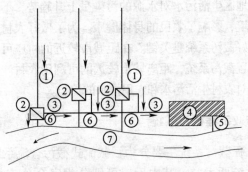

图 7-2　截流式截污合流系统
① 合流干沟；② 溢流井；③ 截流干沟；④ 污水厂；
⑤ 出水口；⑥ 溢流干沟；⑦ 河流

2. 截流式截污合流系统的工作机制

截流式截污排水系统的工作机制是：晴天和初雨时，所有的污水都排送到污水厂，经处理后排放到水体；随着雨量的增加，雨水径流量相应的增加，当来水流量超过截流干沟的输水能力时，将出现溢流，部分混合污水经溢流井直接溢入水体。这一系统虽然比起前期的直排系统有了很大的改进，但在雨天仍有可能有部分混合污水因直接排放而污染了水体。

（二）分流式截污排水系统

分流式截污排水系统是将污水和雨水分别在两套或两套以上各自独立的沟道内截污排除的系统。排除生活污水、工业废水或城市的系统称为污水截流排水系统，排除雨水的系统称为雨水截流排水系统。依据排除雨水方式的不同，分流式截污排水系统又可分为完全分流截污排水系统，不完全分流截污排水系统和半分流截污排水系统。

1. 完全分流截污排水系统

完全分流截污排水系统既有污水截流排水系统，又有雨水截流排水系统。生活污水、工业废水通过污水截流排水系统至污水厂，经处理之后排入水体；雨水则通过雨水截流排水系统直接排入水体（图7-3）。

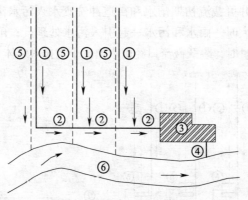

图7-3 完全分流截污排水系统
① 污水干沟；② 污水主干沟；③ 污水厂；④ 出水口；⑤ 雨水干沟；⑥ 河流

2. 不完全分流截污排水系统

不完全分流截污排水系统只设有污水截流排水系统，没有完整的雨水截流排水系统。各种污水通过污水截流排水系统输送到污水厂，经处理之后排入水体；雨水则通过地面漫流流入不成系统的明沟或小河，然后进入较大的水体（图7-4）。

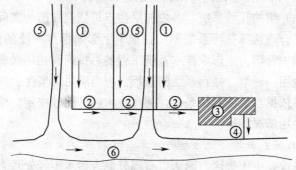

图7-4 不完全分流截污排水系统
① 污水干沟；② 污水主干沟；③ 污水厂；④ 出水口；⑤ 明渠或小河；⑥ 河流

3. 半分流截污排水系统

半分流截污排水系统既有污水截流排水系统，又有雨水截流排水系统。称之为半分流截污排水系统是因为它在雨水干沟上设有雨水跳跃井可截流初期雨水和街道冲洗废水入污水沟道。雨水干沟流量不大时，雨水和污水一起引入污水处理厂；雨水干沟流量超过截流量时，跳跃截流口经雨水出流干沟排入水体（图7-5）。

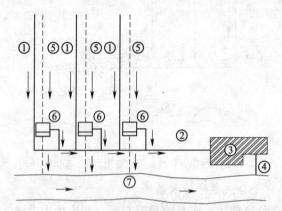

图7-5 半分流截污排水系统
① 污水干沟；② 污水主干沟；③ 污水厂；④ 出水口；
⑤ 雨水干沟；⑥ 跳跃井；⑦ 河流

（三）市政工程截污排水系统的运行情况

以上介绍的几种系统，各农村居住点可依据自己的实际情况来选择。合理选择截污系统不仅在根本上影响排水系统的设计、施工和维护管理，也影响排水系统工程的总投资和初期投资及维护管理费用。通常，截污系统的选择，应当满足环境保护需要的前提下，依据当地的具体条件，通过技术经济比较决定。现分析各系统使用情况如下：

1. 截流式截污合流系统

该系统在少雨地区，雨天仅有部分混合污水不经处理直接排入水体，较前期的直排式系统有很大的改善；然而，在多雨地区，污染可能仍然严重。随着环境质量标准的提高，该系统也将不能满足要求。为了克服这一缺陷，可设水库储存污水，待雨后送至污水处理厂处理。这样做还有可能降低污水厂进水量的变化幅度，从而改善其运行条件。

2. 完全分流截污排水系统

该排水系统因为既有污水截流排水系统，又有雨水截流排水系统，故环保效益较好；但有初期雨水的污染问题，一般其投资比截流式截污合流系统高。新建的农村居住点及重要的工矿企业，一般采用完全分流截污排水系统。

3. 不完全分流截污排水系统

该系统由于只建污水处理系统，不建雨水系统，故投资省。这一体制适用于地形适宜，有地面水体，可顺利排泄雨水的农村。

4. 半分流截污排水系统

在生活水平高，环境质量要求高的农村可以采用。目前还没有这样的实例。

总的来说，分流截污排水系统比合流式截污排水系统灵活，能适应社会发展的需求。因此，初建的截污系统，最好能采用分流式。

二、洼陷结构截污系统

从上一节我们已经知道城市污水的人工截污排放系统，可以有效地控制住大部分的污水，经处理后，或回收利用或达标排放水体，然而，建造它们的投资也相当高，不适合经济条件处于中、下水平的农村。同时考虑到农村广泛存在诸如小溪、湖泊、池塘、湿地和天然河道等的洼陷结构对雨水的截留效果显著，且经过洼陷结构中的生态系统的自然吸收降解作用，处理过的水水质好，回渗地下或排到水体都不会造成水体的污染，经济而又实用。故而，充分开发农村的洼陷结构对污水的截污处理潜力，对做好新农村建设，节省投资具有重要的意义。

目前研究比较成熟的洼陷截污系统有：湿地截污处理系统，土地截污处理系统和人工池塘截污处理系统。

（一）湿地截污处理系统

湿地广泛分布于世界各地，是地球上生物多样性丰富、生产力很高的生态系统。它不但具有丰富的资源，还具有巨大的环境调节功能和生态效益。湿地能够储存来自降水、径流或地下水源过量的水分，具有蓄洪抗旱功能，在维护区域水平衡中发挥着重要作用。湿地的生物和化学过程可使有毒有害物质降解或转化，具有较强的自然净化能力，小溪、河流中的水汇聚到湿地，水质得到净化，在保护生物多样性和为人类提供生产、生活资源方面发挥了重要作用。

1. **地面水平流湿地截污系统**

当污水以推流形式流过种有适当植物的约有 $50m^2$ 至 $1hm^2$ 的湿地时，土壤与植物环境中的富含的细菌快速生长，污水中的有机质好氧分解，达到截污净化的目的。

2. **垂直湿地截污系统**

垂直流湿地系统综合了地表流湿地系统和潜流湿地系统的特性，水流在基质床中基本呈由上向下的垂直流，水流流经床体后被铺设在出水端底部的集水管收集而排出处理系统。这种系统的基建要求较高且易滋生蚊蝇，目前研究的不多。

3. **芦苇床湿地系统**

该系统因截污处理过程中起主要作用的植物类型而得名，也称根系层流湿地系统。其机理是：土壤中与植物共生的细菌生长过程中要利用空气分解污水中的有机质以提供养分。芦苇床是上面种有芦苇，衬有不渗透膜的填有沙砾的浅池或一块区域。芦苇床的主要功能是可以去除污水中的固体和溶解性有机质，一些成熟的芦苇床还能去除部分氨氮。

（二）**土地截污处理系统**

土地截污处理系统也可称为土地灌溉系统和草地灌溉系统。从二级处理的1:6与1:100均匀坡的高坡处进行。处理场地至少应分成两处，多处更好。污水常由专用的引水沟引入。固体物常被植物，主要是草被子，或一些杂草截留，去除率能达到60%~80%，同时还降低了出水中氮、磷和细菌的浓度。

（三）**人工池塘截污处理系统**

在农村，通常可以利用0.8~2.5m的小湖泊或水池，或利用废弃河道截留污水。在此系统中，固体物质进一步沉淀，在温暖的天气里还会发生生物处理过程，微生物（包括大肠杆菌）会被阳光紫外线杀灭。

第五节　地表水污染的物理净化法

污染水体的综合治理措施主要包括控源、节污、整治河道、净化、加强管理等。要想达到标本兼治的目的，就需要从治理水污染的根本机理出发。但如果水体已遭到严重污染，要想恢复到原来的水质状态，仅仅依靠控源，所需时间会很长。因此，在有条件的同时结合地表水污染治理方式进行治理，会有很好的效果。

一、什么是物理净化法

物理净化法是采用物理的、机械的方法对污染河流进行人工净化，目前常用的方法包括引水稀释和底泥疏浚等。

二、物理净化法的优缺点

（一）优点

工艺设备简单、易于操作，处理效果十分明显。

（二）缺点

工程量比较大，而且如不采取其他措施，净化后的水体不久又会恢复到原来的污染状态，即治标不治本。同时也有转嫁污染的嫌疑。因此，只能作为对付突发性水体污染的应急措施。

三、引水稀释

引水稀释净污是通过工程调水对污染的水体进行稀释，使水体在短时间内达到相应的水质标准。有资料表明，将严重污染的水体恢复到本底水平所花的代价，约为从污染水体的过程中所得到收益的几倍甚至是十几倍，耗时长达 20~30 年，若投入不足，则需时更长。在长时间的治污过程中，如有条件同时结合引水稀释的方式进行治理，会有很好的效果。

（一）引水稀释的适用条件

首先应从水功能区的角度来考虑是否有必要引水，然后在此基础上，对于能采用引水稀释的水域，要充分调查分析该地区的具体污染物类型和水域特征，最终决定引水稀释的可行性。如果水体重金属污染严重，一般不宜采取引水稀释的方法，否则不但浪费财力、物力且达不到稀释的目的，反而会转移污染物质，造成水体的二次污染；如果水域污染主要是由难降解的、可积累的有毒有害物质造成的，也不适于采用引水稀释的方式来解决污染问题；此外，对于只有岸边污染带的较宽水域，如果用引水稀释的方法来处理，既不经济，也难以实施，要降低污染带的污染物浓度，使之满足水域功能要求，最好采用削减排污量的方法。一般情况下，引水稀释只适用于较小的河流、深度较浅的湖泊等。

对于不同的水功能区，原则上要求每一功能区都应该保留一定的自净需水，一定的自净需水是保证河流持续发展的物质基础。但对于引水稀释来说，并非每一个水功能区都适用，如对农业用水区、工业用水区、过渡区和排污控制区等就没有必要引水稀释。引水稀释主要适用于调输水区、渔业用水区、人类直接接触和非直接接触的景观娱乐区及生态环境用水区。

（二）引水流量的计算

以河流为例，其河段水环境 COD 容量计算公式为：

$$W = 0.001Q(C_N - C_0) + KXC_N Q/U \qquad (7\text{-}1)$$

式中　W——水环境 COD 容量（mg/d）；

　　　K——COD 综合自净系数（1/d）；

　　　X——河段长度（km）；

　　　U——河段流速（m/d）；

　　　C_N——COD 水质目标（mg/L）；

　　　C_0——河段起点 COD 值（mg/L）；

　　　Q——河段流量（m³/d）。

设排入河段的 COD 为 W^*（kg/d），则最小引水流量 $Q_{\min}$（m³/s）为：

$$Q_{\min} = 0.0116 \frac{W^* - KB(H - H_0)C_N X}{C_N - C_0} \quad (7\text{-}2)$$

式中　B——河段宽度（m）；

　　　H——水位（m）；

　　　H_0——河床高程（m）。

（三）引水稀释的优缺点

1. 优点

引水稀释在综合治理的过程中能起到十分重要的作用，主要表现在以下几个方面：

（1）在治理资金缺乏的情况，采用引水稀释的方法对改善水质有立竿见影的效果。尤其是在水质污染严重的地区，引水稀释能缓解水资源紧张的局势。

（2）引水稀释能够增强水体的自净能力。引水稀释的作用是以水治水，不只是增加了水量，稀释了污水，更重要的是能使水体的自净系数增大，从而使水体的自净能力增强。生物的自净作用需要消耗氧气，如果氧气得不到及时补充，耗氧微生物就会消亡，生物的自净过程就会终止。引水稀释过程实际上包括了氧的消耗和氧的补充两个过程。引水稀释激活水流，增加水体流速，使水体复氧能力增强，水体溶解氧浓度增加，水生微生物、植物的数量和种类也相应增加，水生生物活性增强，通过多种生物的新陈代谢作用达到净化水质的目的。

（3）引水稀释，能在一定程度上改变水体的污染现状，使水体逐渐恢复生态功能、景观功能和娱乐功能，达到人、水相亲，和谐共处的状态。

2. 缺点

引水稀释对污染水体的恢复起着重要的作用，但它也会对引水方和引入水方带来一定的负面效应。

（1）对引入水方来讲，原水体中的污染物中的可沉物质，可通过沉淀去除，但引水后，由于流速和流量的增加会引起水体的扰动，污染物质沉淀的速度受到抑制；不易沉淀的污染物质和再次悬浮的溶出物质，会导致水体的二次污染；若引水不在同个流域或同一环境条件范围内，引入水方水体的生物群落结构和功能，也将会受到引水中生物群落的冲击和影响，严重时可能会导致生物入侵。

（2）对引水方来讲，调出水后引水区水量减少，会使引水区的自净能力下降，甚至会导致引水方水生态系统的崩溃。因此，引水稀释只能是一种救急方法或水体污染治理的辅助手段。

四、清淤

污染河流的河床以及湖泊的湖底的淤泥中含有许多有机物、氮磷营养盐和重金属，它们在一定条件下会从底泥中溶出使水质恶化，同时也是恶臭的主要发生源。美国 EPA 在 1998 年的调查报告中指出，美国已发生的 2100 起事件声称鱼类消费中的问题，多次证实污染来自底泥。在我国，也已发现并证实了水体底泥具有生物毒性，如乐安江在 20～195km 段沉积物均显示出毒性。此外，水体富营养化问题解决关键也仍与底泥密切相关。因此，污染底泥的治理已刻不容缓，势在必行。

（一）清淤的主要方法

目前，江河湖库的清淤疏浚主要有机械疏浚、水力疏浚和爆破等三种形式，共包括挖、推、吸、拖、冲和爆等六种施工方式。在机械疏浚中，主要包括挖和推两种施工方式，前者是水中疏浚的常用方法，施工工具主要为挖泥船；后者是干河疏浚的常用方法，施工工具主要为铲运机、挖塘机和推土机等。在水力疏浚中，主要包括吸、拖和冲三种施工方式，吸是指采用轻质疏浚材料，将淤泥吸到轻质软管中，能有效防止疏浚过程中对底泥的扰动而造成的二次污染；拖是用带有耙具的拖淤船进行疏浚，效率较低；冲是用射流冲沙船进行疏浚，但是冲起的泥沙难以全部长距离输走，一般在 1km 以下。在爆破疏浚中，定向爆破是常用的方法之一，主要用于解决局部问题。在现有清淤疏浚方法中，采用挖泥船疏浚具有挖沙量大、效率高、效果明显等特点，而其他疏浚方法只是在特定的条件下采用。

(二) 疏浚底泥的最终处置

疏浚后淤泥的处理则是环境保护的一个难题。疏浚污泥以其量大、污染物成分复杂、含水率高而处理困难。对疏浚污泥进行最终处置，目前常用的方法主要有固化填埋和资源化利用两大类。

(三) 淤泥的固化填埋

对疏浚后的淤泥进行填埋是淤泥最简单的处置方式，但在填埋前必须要考虑到其对地下水和土壤的二次污染问题，因此在填埋前应进行必要的处理。对污染较重的疏浚污泥，必须采取物化、生物方法进行处理。常用的有颗粒分离、生物降解、化学提取等。由于重金属和有机物性质上的差异，其处理方法也不同，如果二者同时大量存在，一般需先将其分离，再分别进行处理。采用调整 pH 值或还原的方法，能将底泥中的重金属固定，有效防止疏浚污泥中重金属的迁移。也可用黏土、有机物等来吸附重金属以达到固定化的目的。或者用酸或微生物将重金属溶出，再集中处理。用某些微生物来溶出重金属，要比用酸浸提经济得多，处理后的底泥颗粒还能再利用。硫杆菌以硫为营养源可以使底泥中绝大部分的 Zn、Cd、Ni、Co、Mn、Cu 在几天到几周内浸出。底泥中有机物的处理有热处理、微生物降解、浮选、湿式氧化、溶剂萃取等技术。利用臭氧曝气能有效地去除底泥中的 COD，并能显著抑制氮、磷的溶出，还能降低硫化物的生成。用 TiO_2 作催化剂，模拟太阳光也能有效地降解 PCBS。湿式氧化、热处理、溶剂萃取等对有机物的处理也有明显效果。生物处理能使多环芳烃、矿物油有大幅度的降低，重金属成分也有一定程度的去除。

五、淤泥的资源化利用技术

淤泥的资源化利用，尤其在广大农村地区是目前实现经济社会可持续发展的重要趋势。淤泥中所含大量黏土质成分和有机物仍是一种资源性物质，如能有效降解超量重金属和有毒组份及病原微生物，并据其不同理化性质而给予化学成分和物质结构、构造的改组，则存在向无污染、有价值资源转化的可能。

（一）制作复合肥料

利用有机质淤泥为载体材料，可以成功地制作出对农作物具有重要作用的多种复合肥料。因此对尚适用于农田的淤泥，可以根据流域两岸土壤的化学成分和种植要求，添加所需的成分后转化为比较廉价的颗粒化复合有机肥料。如姚江220万m^3无重金属污染底泥，若全部配制成适用有机农肥，用以改良两岸267万hm^2土田，则必将有利于当地效益农业的发展。而由于每亩施复厚度平均仅数厘米，巨量淤泥也由此得到最佳的消减方式。

（二）制作建材

据在杭州四堡污水处理厂沉积污泥利用的经验，淤泥的最佳利用途径是用以制作高强度的轻质建材。沉积淤泥比重小于通常砖瓦所用的黏土材料，又具有较高的热值，故焙烧中坯体受热均匀，并节省能源，又因有机质经烧失形成类似的空腔结构，因此可以制作成市场行情看好的高强度轻质建材。仍以姚江为例，受重金属等有害元素污染底泥110万m^3，经干缩后以30%配比制作建材，将节省相当于$10hm^2$土地的黏土资源，可生产30余万m^3的优质建材。

（三）制陶粒

据苏州河底泥利用的经验，底泥另一个用途就是制做陶粒。利用苏州河底泥烧制陶粒的工序主要为：挖泥──运至排泥场堆放──自然干燥──与外掺辅料混合──生料成球──筛选料球进窑预热──焙烧──冷却──分级──成品。经过高温焙烧，产品可以达到黏土陶粒的技术指标，而且底泥中的重金属也大部分固化在陶粒中。同济大学进行了利用苏州河底泥研制陶粒的试验研究，制得产品按照《粘土陶粒和陶砂》要求进行测定，结果表明产品性能完全满足规范技术指标的要求。

第六节　地表水污染的生物净化法

水体生物净化法是近年来国内外为解决水域污染而研究开发的重点技术，许多发达国家如日本、韩国、荷兰等已经用于工程实践，我国则刚刚起步，但发展较快。人工强化净化技术的突出特点是充分发挥现有水利工程的作用，综合利用水域内外的湿地、滩涂、水塘、堤坡等自然资源及人工合成材料，对天然水域自恢复能力和自净能力进行强化。目前，国内外用于净化水体的工程技术主要是指生物强化净化技术。

一、生物净化法的基本原理

在天然水体中，存在着大量依靠有机物生活的微生物，它们具有氧化分解有机物并将其转化为无机物的能力。生物净化法就是利用微生物的这一功能，采用人工措施来创造更有利于微生物生长和繁殖的环境，培育出大量净化能力强的微生物，以提高对污染水体中有机物氧化降解效率的一种净化方法。该方法具有处理效果好、投资省、不需耗能或低耗能等特点，最重要的是，该法能使污染水体的自净能力逐渐恢复。目前国内外使用最多的生物净化法是投菌法、生物膜法、曝气法、水生植物植栽法等。

二、常用的生物净化法

（一）投菌净化法

投菌法是直接向污染水体中接入外源的污染降解菌，然后利用投加的微生物唤醒或激活水体中原本存在的可以自净的、但被抑制而不能发挥其功效的微生物，并通过它们的迅速繁殖，强有力地控制有害微生物的生长和活动，从而消除水域中的有机污染及水体的富营养化，消除水体的黑臭，而且还能对底泥起到一定的硝化作用。目前国内外常用的有CBS（集中式生物系统）、EM（高效复合微生物菌群）及固定化细菌等技术。

1. CBS 净化法

CBS 技术是由美国 CBS 公司开发研制的，是一种高科技的生物修复技术。它利用向河道喷洒生物菌团的方法使淤泥脱水，让水和淤泥分离，然后再消灭有机污染物，达到硝化底泥、净化水资源的目的。重庆桃花溪在 2000 年 3 月～2001 年 4 月间使用 CBS 净化河水。结果显示，BOD_5 的去除率为 83.1%～86.6%，氮的去除率为 53%～68.2%，磷的去除率为 74.3%～80.9%，净化效果十分明显。

2. EM 净化法

EM 净化法是由日本琉球大学教授比嘉照夫先生开发成功的一项微生物净化法。EM 菌群是由 5 科 10 属 80 多种对人类有益的微生物复合培养而成的，它在生长过程中能迅速分解污水中的有机物，同时依靠相互间共生增殖及协同作用，代谢出抗氧化物质，生成稳定而复杂的生态系统，抑制有害微生物的生长繁殖，激活水中具有净化功能的水生生物，通过这些生物的综合效应从而达到净化与修复水体的目的。据李捍东利用 EM 对污水处理的报道，向水面定期投放 EM 菌液，BOD_5 的去除率达 70.7%，COD 的去除率在 60% 以上，EM 还能将造成水体富营养的氮转化成亚硝酸盐或硝酸盐，EM 对磷的去除效果也很不错，去除率可达 75%。

3. 固定化细菌净化法

固定化细菌净化法是选用某些有机物，按照一定的比例混合，在适当的温度和适当剂量射线的辐照下，聚合成固定化载体。然后，采集、驯化形成具有某种净化能力的优势菌群，再使之固定在载体上。由于固定化载体提供的是具有良好微孔结构的材料，构成了一种适宜于菌种生长、增殖的"微生态"环境，从而使菌种对外界条件的变化具有很强的适应性。

据李正魁等应用固定化氮循环细菌净化法对富营养化湖泊修复的研究显示，固定化氮循环细菌净化法能在被修复水体中人为营造一种具有良好水气通道和硝化—反硝化微孔立体结构界面的微环境，从而大大增加了水体的硝化—反硝化能力，使水体中过量的氮污染物被不断地去除。

（二）生物膜净化法

1. 生物膜净化法的基本原理

生物膜法净化河流实质是对河流自净能力的一种强化。它根据天然河床上附着的生物膜的净化作用及过滤作用，人工填充滤料及载体，利用滤料和载体比表面积大，附着微生物种类多、数量大的特点，从而使河流的自净能力成倍增长。生物膜降解污染物质的过程可分为四个阶段：① 污染物质向生物膜表面扩散；② 污染物在生物膜内部扩散；③ 微生物分泌的酵素与催化剂发生化学反应；④ 代谢生成物排出生物膜。生物膜由于固着在滤料或载体上，因此能在其中生长世代时间较长的微生物，如硝化菌等。另外，在生物膜上还可能大量出现丝状菌、轮虫、线虫等，从而使生物膜净化能力增强，同时还有脱氮除磷的作用。尤其是对受有机物及氨氮污染的河流有明显的净化效果。因此，非常适合于城市中小河流及湖泊的直接净化。

2. 生物膜法的分类

目前可采用的生物膜法主要有：人工填料接触氧化法、薄层流法、伏流净化法、砾间接触氧化法、生物活性炭净化法等。

3. 生物膜模块法

生物膜模块是利用吸附材料及内部固载的生物菌及表面生物膜吸收和降解污染物，通过将这些吸附材料制作成悬浮固体拦截模块，悬浮在污染水体中净化水质。吸附材料一般选用天然纤维材料、有机高分子材料合成的具有高效吸附功能和生物氧化功能的水体净化材料。

模块组合的方式为折板式，悬挂式，网箱式，见图7-6。

4. 砾间接触氧化法

该方法是根据河床生物膜净化河水的原理设计而成，通过人工填充的砾石，使水与生物膜的接触面积增大数十倍，甚至上百倍。水中污染物在砾间流动过程中与砾石上附着的生物膜接触、

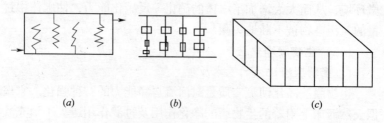

图 7-6 生物膜模块构造示意图
（a）折板式；（b）悬挂式；（c）网箱式

沉淀，进而被生物膜作为营养物质而吸附、氧化分解，从而使水质得到改善。例如以直径为 5cm 的砾石填充河床面积为 $1m^2$、高为 1m 的河流，这时河床的生物膜面积就变成了原来的 100 倍，河流的净化能力也就增强了 100 倍，如图 7-7 所示。该方法使用天然材料为接触材料，花费少，净化效果好，因此得到了最广泛的应用。

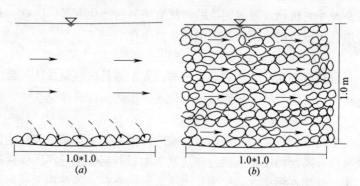

图 7-7 填充砾石的河流与一般河流的比较
（a）一般的河流；（b）填充砾石的河流

野川净化场就是采用砾间接触氧化法净化河水的典型工程。它设立在野川一侧的河滩地带，为地下构造式。以卵石为填料，在其表面形成生物膜，再利用生物膜对河水进行净化。野川净化场自建成投入使用后，大约经过 6 年的运行结果观测，进入净化槽的 BOD 和 SS 的平均值为 12.7mg/L 和 9.0mg/L，经净化槽净化后出水 BOD 和 SS 的平均值为 5.2mg/L 和 3.3mg/L，其去除率分别为 72.3% 和 84.9%。此外，该净化场所需的主要原料卵石（21400m³）是现场取自多摩川的高水位河床，省工省钱；取水位也是利用野川的自然水位差设计，不需动力；净化场由于采用地下构造式，上覆土砂，还可做为居民游憩的公园或广场。

5. 人工填料接触氧化法

（1）细线状生物填料接触氧化法

该方法是利用细绳状生物填料（图 7-8）表面积大、孔隙率大、微生物易于附着和生长繁殖、进而净化效果好的特点而研究开发的一种水处理技术。它在污染河流净化过程中，主要是利用河流内原有生态系中的微生物，通过填充细绳状生物填料，使原有生态系中的微生物数量和种类增多，从而使河流的自净能力增强，常用的细绳状填料见表 7-3。该方法的实施场所一般在侧沟、排水路或河流合流的附近，即污染源附近，流速一般要求在 20cm/s 以下，有利于其净化作用的发挥。该方法由于没有引入外来菌种，所以没有改变河流原有的生态系统，有利于污染河流的自我恢复。应用细绳状填料常见的施工形式主要有：平面型、大叶藻型和架台型。每种类型的特点见表 7-4。

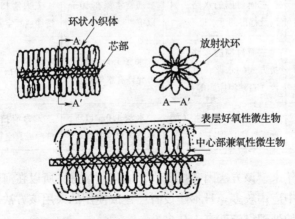

图 7-8　细绳状生物填料

常用的细绳状生物填料　　　　　　　　表7-3

名称	细绳状生物填料	细绳状生物填料	细绳状生物填料	细绳状生物填料	内部加入浮力体的细绳状生物填料
材料	聚氯乙烯叉	维尼纶	聚丙烯	聚丙烯+维尼纶	聚丙烯+维尼纶
色调	青色	茶色	白色	白/茶色	白/茶色
外径	$\phi 45mm$	$\phi 45mm$	$\phi 45mm$	$\phi 45mm$	$\phi 60mm$
表面积	$1.4m^2/m$	$0.55m^2/m$	$2.8m^2/m$	$1.6m^2/m$	$2.1m^2/m$
强度	70kg 以上	70kg 以上	70kg 以上	70kg 以上	500kg 以上
适应的工程类型	平面型 架台型 无菌型	平面型 架台型	平面型 架台型	平面型 架台型 NKK型*	大叶藻型

注：*日本钢管株式会社的 NKK 河流净化系统方法。

各工程类型的主要特点　　　　　　　　表7-4

种类	主要设置场所	对应水深	维护管理
平面型	三面衬砌的水路，侧沟及都市的下水道等	通常水深在 10cm 以下	人力清扫，高压洗净或真空管抽吸
大叶藻型	三面衬砌的水路，间接方式的水路，中小河流（自然河床）等	水深 1.5m 以下，可允许有水位变动	人力清扫
架台型	间接方式的水路（接触曝气法）等	水深 1.0m 以下，不适应水位变动	人力清扫，高压洗净或真空管抽吸

近年来，该方法因其投资省、净化效果好，所以在河流的直接净化中应用较多。日本建设省已建成使用的采用该方法净化中小河流的处理设施就有 150 多件。

(2) 弹性填料接触氧化法

弹性填料接触氧化法是采用优质 ABS 材料为填料的一种新型净化技术。弹性填料是仿照河流生态系统中的臭轮藻设计而成的，如图 7-9 所示。它主要强调臭轮藻的茎的柔性和韧性，枝和叶的可附着性。它具有弹性强、附着面积大的特点，可直接布置在河床上，且不影响河流原有的使用功能。

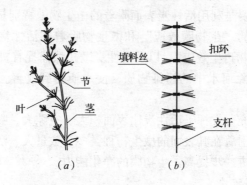

图 7-9 填料"仿生"示意
(a) 轮藻；(b) 新型弹性填料

2004 年，田伟君等利用新型弹性填料作为生物膜载体，将其直接布置在林庄港河道中，研究在不影响河流生态系统结构和使用功能的前提下，弹性填料对河流微污染水体的强化净化效果。现场试验在挂膜成功后共运行了半年，它在整个运行期间对高锰酸钾指数的平均净去除率为 5.4%，其中最高为 9.9%；氨氮净去除率在 5.35%~39.91%，总磷的净去除率最高也达到了 28.6%。

(3) 无纺布接触氧化法

无纺布接触氧化法是采用新型接触材无纺布为填料的一种净化技术。无纺布是以天然纤维、化学纤维、金属纤维或人工合成纤维等为原料编织而成的具有多孔构造的布状接触材，具有比表面积大、孔隙多、通气性好的特点，微生物很容易在其表面附着。因此净化效果比较明显。如日本千叶县排水沟（渠）的净化设施。该排水沟净化设施设置于沟的一侧，采用的是新型接触材无纺布为填料。该净化设施自平成 7 年开始运行以来，净化效果十分明显。SS 的净化效率达到了 97%，BOD 和 COD 的去除率也分别达到了 88% 和 70%。大大减少了进入河流的污染物质的量，使河流污染得到了一定的控制。

6. 生物活性炭填充柱净化法

生物活性炭填充柱净化法是一种以活性炭为填料的生物膜净化法。它主要是利用活性炭表面附着的微生物，特别是细菌分解水中有机物的"生物膜效应"和微生物吸着在活性炭上分解有机物的"生物再生效应"，以及活性炭微孔隙捕捉有机物的"吸着效应"去除河水中的污染物质，使水质得到改善。如图 7-10 所示。

该方法充分发挥了活性炭比表面积大、空隙大、吸附性能好的特性，使附着在其表面的微生物种类多、数量大、活性强、增殖速度快，进一步提高了生物膜的净化能力。

7. 薄层流法

河流的净化作用主要在于河床上附着的生物膜，生物膜面积增大，通过膜表面的水的流量就会减少，生物膜的净化能力就得到了增强。薄层流法就是使水流形成水深数厘米的薄层流过生物膜，使河流的自净作用增强数十倍。例如，河宽为原河流的 2 倍，水深为原河流的 1/2，河流的净化能力就为原来的 2 倍；如河宽为原河流的 4 倍，水深为原河流的 1/4，河流的净化能力就变成原来的 4 倍。

8. 伏流净化法

伏流净化法主要是利用河床向地下的渗透作用和伏流水的稀释作用来净化河流的。该方法可被看作是一种缓速过滤法（微生物膜过滤），整个河床是一个大的过滤池，由河床上附着的生物膜构成缓速过滤池的过滤膜，污染的河水经过滤膜的过滤作用缓慢地向地下扩散，成为清洁的地下水。用于稀释的伏流水是渗入地下的清洁水，人为用泵提升到地面来稀释河流，使河流的自净作用进一步增强。如图 7-11 所示。

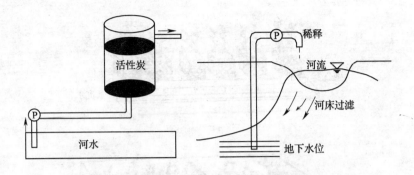

图 7-10　生物活性炭填充柱　　图 7-11　伏流净化法示意图

9．移动式生物净化

有些水体环境由于流速缓慢，水体交换迟钝，自净能力很差。这种情况下选用移动式生物净化装置能有效地净化水体环境。河海大学研制的浮动滤清器、好氧滴滤池设备，为微生物生长繁殖提供了大的比表面积，为受损的水生态系统中为生态食物链的形成创造了条件，通过建立良性的生态循环，实现微生物对污染水体的强化净化。

三、水生植物植栽净化法

（一）什么是水生植物植栽净化法

水生植物植栽净化法是以水生植物（沉水植物、浮水植物和挺水植物）忍耐和超量积累某种或某些化学物质的理论为基础，利用植物及其共生生物体系清除水体中污染物的环境污染治理技术，如生物过滤器系统和水耕生物过滤法等。图 7-12 为常见的水生植物植栽净化法。

（二）水生植物植栽净化法的作用机理

水生植物植栽净化法的作用机理包括：① 植物的萃取、富集；② 根际过滤；③ 植物固化等。该方法是目前各国研究的重点，它对于控制水域富营养化问题有着非常重要的作用。如南京莫愁湖种植的莲藕，年产莲藕 25 万 t，可从湖中带出的氮大约有

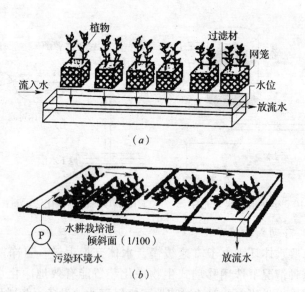

图 7-12 常见的水生植物植栽净化法
(a) 生物过滤器(植物—过滤材系)水路净化模式;
(b) 水耕生物过滤法的处理工艺

60多吨,磷有1吨多。有效地控制了湖泊富营养问题,还带来了一定的经济收入。

(三) 具体运用时的注意事项

在具体运用上需注意针对不同污染状况的水体采用不同的生态植物。如对以有机污染为主的混合型污染水体常采用水葫芦、浮萍、紫背浮萍、睡莲、水葱、水花生、宽叶香蒲、菹草等植物。另外,还需注意对水生植物要定期收割,以免造成二次污染。

四、曝气法

(一) 曝气法的作用原理

直接曝气法是充分利用天然河道和河道已有建筑就地处理河流污水的一种方法。它是根据河流受到污染后缺氧的特点,人工向河道中充入空气（或氧气），加速水体复氧过程，以提高水体的溶氧水平，恢复水体中好氧微生物的活力，使水体的自净能力增强，从而改善河流的水质状况。该法综合了曝气氧化塘和氧化沟的原理，结合推流和完全混合的特点，有利于克服短流和提高缓冲能力，同时也有利于氧的传递、液体混合和污泥絮凝，能有效去除河流的黑臭现象。

（二）曝气法的应用实例

该技术由于设备简单、易于操作而被许多国家优先选用净化河流。例如，1977年，英国在泰晤士河上使用10t O_2/d 能力的曝气复氧船，1985年又使用了高达30t O_2/d 的曝气复氧船，显著提高了水体的溶解氧，提高了水体的自净能力。1989年，美国为了改善Hamewood运河的水质，在Hamewood河口安装了曝气设备，结果证明，水体底层溶解氧显著增加，河道生物量也变得丰富起来。我国部分城市的河道净化也使用了该技术，如北京清河的曝气试验工程。清河是穿越北京海淀区的一条河流，由于沿河各种工厂和养殖场大量排污，清河受到严重污染。1990年，为确保亚运会的顺利进行，北京市在清河一个长约4km的河段中利用原有水工建筑物进行河道曝气。工程运行47天，清河水质明显好转，BOD_5去除率达74.7%~88.2%，COD_{Cr}的去除率为79.9%~84.4%，SS的去除率达76.7%~81.9%，NH_3-N去除率达45%。曝气区的DO从0上升到5~7mg/L，邻近水域的DO也上升到了4~5mg/L。

第七节　地表水环境的植物修复技术

水生大型植物是一个广泛分布在江河湖泊等各种水体中的高等植物类群，也是水生态系统的重要组成部分和主要的初级生产者之一，介于水—泥、水—气及水陆界面，对水生态系统物质和能量的循环和传递起调控作用。20世纪70年代，水生植物开始受到人们的关注，许多这类植物的耐污及治污能力也被研究发现。当前,重建水生植被已成为大型水体生态工程修复的重要措施。

一、大型水生植物及功能特征

(一)什么是大型水生植物

大型水生植物是一个生态学范畴上的类群,是不同分类群植物通过长期适应水环境而形成的趋同性适应类型,主要包括两大类:水生维管束植物和高等藻类。目前,广泛应用于污染水体净化主要就是水生维管束植物。水生维管束植物具有发达的机械组织,植物个体比较高大。通常包括3种类型,即挺水植物、浮水植物和沉水植物。

(二)大型水生植物的生理特点及其功能特征

各种类型植物的生理特点和功能特征见表7-5。

用于水体修复的常用高等水生植物　　　　表7-5

生活型	生理特点	使用较多的种类	功能特征
挺水植物	根扎生于水底淤泥,植体的上部或叶挺出水面	芦苇;香蒲;喜旱莲子草;茭白;水芹;灯心草;菖蒲;水葱	挺水植物一般具有很广的适应性和很强的抗逆性;对水质有很好的净化作用,尤其对富营养化水体,对重金属也有一定的吸收作用;生长快,产量高,能带来一定的经济效益;有的耐寒性强,四季常绿,如水芹、灯心草和菖蒲等,通过搭配种植可达到良好的景观效果
浮水植物	植物体完全浮悬水面上或只叶片浮生水面	凤眼莲;浮萍;菱;睡莲	浮水植物大多为喜温植物,夏季生长迅速,耐污性强,对水质有很好的净化作用,对风浪也有很强的适应性,有的浮水植物具有很好的耐寒性,如浮萍可在1℃的低温下生长;浮水植物大多观赏性比较强,也有一定的经济价值,但扩展能力过强易泛滥

续表

生活型	生理特点	使用较多的种类	功能特征
沉水植物	植物体完全沉没于水中，部分根扎生于底泥，部分根悬沉于水中	苦草； 菹草； 金鱼藻； 伊乐藻； 眼子菜； 黑藻	沉水植物耐寒性强，一般在冬春至初夏季节生长；耐污性不强，对水质有一定的要求，因此操作和实施的难度较大，它一般作为水体恢复的指示性植物；目前，对沉水植物的恢复在研究和应用上的例子都较少

在这些水生植物中，由于不同种类的植物生存要求的适宜环境和优势营养物不同，对水生态系统中污染物的净化作用也有差异。在生态修复时要分别考虑，选择针对污染水体的优势物种。

二、水生植物的净污机理

在污染河道及湖库的水滨带种植水生植物是近年来国内外采取较多的净化水体环境质量、恢复区域水生态的方法技术。水生植物对污染物的净化机理主要包括吸收作用、降解作用、吸附、过滤等几个方面。

（一）吸收作用

高等水生植物在生长过程中，需要吸收大量的营养元素如氮、磷等。利用水生植物对污染物质的吸收能力，截留水体中的富营养化元素，最后通过植物的收割，将污染物带离水体。

（二）降解作用

水生植物群落的存在，为微生物和微型生物提供了附着基质和栖息场所。这些生物能加速截留在植物根系周围的有机胶体和悬浮物的分解矿化。

（三）吸附、过滤

浮水植物发达的根系与水体接触面积很大，形成一道密集的过滤层，水流经过的时候，不溶性胶体会被根系粘附或吸附而沉降下来，特别是内源污染的主要贡献者——有机碎屑也被大量吸附过滤而沉积下来。

（四）拟制藻类生长的作用

水生植物与浮游藻类竞争营养物质和光能，同时，某些水生植物的根系还能分泌出克藻物质，从而拟制藻类的生长，消除水华的发生。

（五）其他作用

挺水植物可通过对水流的阻尼或减小风浪扰动，使悬浮物沉降；沉水植物的生长有利于形成一道屏障，抑制浅水湖泊底层中营养物质的溶出速度。

三、具体的水生植物修复技术

水生植物修复技术是以水生植物为主体，应用物种间共生关系和充分利用水体空间生态位与营养生态位的原则，建立高效的人工生态系统，以降解水体中的污染负荷，改善系统内的水质。

（一）沿岸挺水植物

挺水植物可通过对水流的阻尼作用和减小风浪扰动使悬浮物质沉降，并通过与其共生的生物群落有净化水质的作用。同时，它还可以通过其庞大的根系从深层底泥中吸取营养元素，降低底泥中营养元素的含量。挺水植物一般具有很广的适应性和很强的抗逆性，生长快，产量高，还能带来一定的经济效益。因此，沿岸种植挺水植物已成为水体净污的重要方法。

据王超等现场观测试验研究分析证明，河道沿岸的挺水植物（芦苇等）对氨氮具有很强的削减作用，氨氮通过河道两岸的芦苇带时，浓度显著降低，模拟模型的衰减系数是无芦苇生长的混凝土护坡河段的3倍左右，氨氮的削减量也达无芦苇生长河段的2倍左右。

但利用沿岸挺水植物净化水体，需注意对水生植物要定期收割，防止其死亡后沉积水底，造成二次污染。

（二）底床沉水植物

沉水植物是健康水域的指示性植物，它对水体具有很强的净化作用，而且四季常绿，是水体净化最理想的水生植物。

据吴振斌等利用富营养浅水湖泊武汉东湖中所建立的大型实验围隔系统对沉水植物的水质净化作用现场实验研究证明，重建后的沉水植物可以显著改善水质，水体透明度显著提高，水色降低。水生植物围隔 COD_{Cr} 和 BOD_5 一般分别为 20mg/L 和 5mg/L 左右，对照围隔和大湖水体则分别约为 40mg/L 和 10mg/L。水生植物围隔水体中可检出的有机污染种类也较对照围隔和大湖水体低。实验结果表明恢复以沉水植物为主的水生植被是改善富营养化水质和重建生态系统的有效措施。

但沉水植物的耐污性不强，对水质有一定的要求，因此操作和实施的难度较大，它一般作为水体恢复的指示性植物。

（三）植物浮岛

河、湖中的天然岛屿是许多水生生物的主要栖息场所，在天然岛屿上形成了植物—微生物—动物共生体，它们对水体的净化起着非常重要的作用。但由于河湖的开发、渠化、硬化工程，以及底泥疏浚等，使许多天然生态岛消失，河流的自净能力下降，河流生态系统遭到破坏。植物浮岛的建立就是对水域生态系统自净能力的一种强化。植物浮岛是绿化技术和漂浮技术的结合体，植物生长的浮体一般是采用聚氨酯涂装的发泡聚苯乙烯制成的，分量轻、耐用。岛上的植物可供鸟类等休息和筑巢，下部植物根形成鱼类和水生昆虫等生息环境，同时能吸收引起富营养化的氮和磷。

日本为进一步净化渡良濑蓄水池的水体，曾在蓄水池中部建了一批植物生态浮岛，在岛上种植芦苇等植物，其根系附着微生物。浮岛还设置了鱼类产卵用的产卵床，也为小鱼及底栖动物设有栖息地，形成稳定的植物—微生物—动物净化系统。

（四）植物浮床

植物浮床是充分模拟植物生存所需要的土壤环境而采用特殊材料制成的、能使植物生长并能浮在水中的床体。目前，研究最多就是沉水植物浮床和陆生植物浮床。

1. 沉水植物浮床

沉水植物浮床技术是利用沉水植物对营养物质含量高的水体显著的净化作用，对水体进行净化。水体高浓度的 N、P 营养盐一直被认为是导致沉水植物消失的直接原因，但水深和水下光照强度对沉水植物生存有着限制作用，由于水体透明度下降，处于光补偿点光照强度以下的沉水植物逐渐萎缩死亡。若仅依靠自然光，水下光照强度随水深增加呈负指数衰减，污染水体的平均种群光补偿深度显著下降，沉水植物无法存活，会导致水质的进一步恶化。结合河道水质的特点，可根据不同河段的光补偿深度，利用植物浮床来处理水体营养物质，使得水下光照强度维持在植物所需光补偿点之上。光补偿种植浮床能使得沉水植物维持在其光合作用与呼吸作用平衡的水层深度以上，加快植物生长，从而净化水质。

2. 陆生植物浮床

陆生植物浮床是采用生物调控法，利用水上种植技术，在以富营养化为主体的污染水域水面种植粮食、蔬菜、花卉或绿色植物等各种适宜的陆生植物。在收获农产品，美化绿化水域景观的同时，通过根系的吸收和吸附作用，富集 N、P 等元素，同时降解、富集其他有害有毒物质，并以收获植物体的形式将其搬离水体，从而达到变废为宝、净化水质、保护水域的目的。它类似于陆域植物的种收办法，而不同于直接水面放养水葫芦等技术，开拓了水面经济作物种植的前景。

中国水稻研究所在人工模拟池、工厂氧化塘、鱼塘及太湖水系污染水域一系列的可行性和有效性研究基础上，在五里湖建立了 $3600m^2$ 独立于大水域水体的试验基地，并将其分为 4 个均等的 $900m^2$ 试验小区，设计了 15%、30%、45% 三种不同的水上覆盖率的陆生植物处理区和空白对照区。试验结果显示，45% 处理区的水体的 TP、NH_3-N、COD_{Mn}、BOD_5、DO、pH 等水质指标均达到地表水Ⅲ类水质标准。其中美人蕉和旱伞草干物质产量分别达到 $5223.48g/m^2$ 和 $7560g/m^2$，均较一般陆地种植增长 50%

以上，从而为大量吸收去除水体中的 N、P 元素以及其他有害物质，加速水质净化进程奠定了基础。

四、应用水生植物净化水体的具体实例

（一）上海市环浜生态修复

1989 年中科院植物生理研究所选用凤眼莲对上海市环浜进行生态修复。这条河浜承纳大量生活污水和地面径流的雨水，长年淤积没有输出，藻类繁生，水色发绿，并时有水华出现。在浜长的 3/5 内布置了人工生态系统，以凤眼莲为主体，约占覆盖面积的 90%。种植凤眼莲后，环浜的大部分河段水体透明度由 15~35cm 增加到 50~90cm，实际达到了水清见底的程度。凤眼莲对藻类的拟制作用原因有三种，遮光作用、营养竞争及根系分泌物对藻类生长的拟制。但当水面全部被凤眼莲覆盖时，会带来一些负面作用，如水体中溶解氧减少，不利于鱼类等水生动物生长。对河流来说，也影响了城市的景观效应。

（二）北京市动物园水体生态修复

北京师范大学采用水生植物净化水体的生态工程方法对北京市动物园的富营养化水体进行生态修复。选用 9 种水生植物（包括挺水、浮叶和沉水植物），经过春夏秋三季的试验，结果表明，各种水生植物对湖水均有一定程度的净化能力。但就单一植物来说，浮水植物水葫芦的净水作用最好，其次是浮叶植物睡莲和野荷花；多种水生植物的组合，尤其是挺水、浮叶和沉水植物分层合理种植有利于形成植物间的优势互补，能始终保持对营养元素和有机物较好的净化效果。

（三）云南滇池富营养化水体的生态修复

滇池的富营养化水体采用菹草、水葫芦、茭草和芦苇四种水生植物进行生物修复的技术的研究结果表明，菹草对 N 的去除率最高，其他依次为水葫芦、茭草和芦苇；水葫芦对 P 的去除率最高，其他为菹草。覆盖率 50% 时，水生植物生长最旺盛，对污染物的去除效果最好；70% 覆盖率次之；30% 的覆盖率由于生物产量低，效果较差；当覆盖率达到 100% 时，由于植物光照、营养条件及生长空间的限制，不能正常生长，净水能力最差。自然条件的影响结果是随着辐射、气温、水温的升高，水生植物的生物量相应增大，以 8 月为最大，对污染物的去除率依次为 8 月 > 9 月 > 7 月 > 6 月 > 5 月。

"八五"国家科技攻关项目中，中国环境科学研究院在滇池模拟前置库工程，考察前置库中水生植物对面源的净化效率。选取 7 种植物为研究对象：慈菇、茭白、菹草、金鱼藻、满江红、水花生和菱角。因为面污染源主要集中在夏季，故仅考察 7 月和 8 月水生植物对污染物 N 和 P 的去除效果。结果表明，在 7、8 月份始终能保持高效除 N 的植物有慈菇、茭白、菹草和水花生，净化率均在 70% 以上；对 P 的去除，均保持高效的有满江红、茭白、慈菇和菹草。在 7 种植物中，慈菇和茭白为挺水植物，有固定根茎，适合在外围浅水处种植；菱角是浮叶植物，水花生是两栖植物，满江红是浮水植物，金鱼藻和菹草是沉水植物；这几种植物按照适合的方式组合种植对 N、P 的净化效果更高，且各种植物群落生长均较好。

五、利用大型水生植物修复水体的优点及注意事项

大量的水生植物的净水效果表明，在城市河湖的水生态修复中，挺水植物、浮水植物及浮叶植物对富营养化水体中的营养元素和有机物均有良好的去除效果。较优的选择有凤眼莲、喜旱莲子草、菹草、茭白、菱角、金鱼藻、水葫芦等；将三类植物选取适宜的物种组合种植会收到更加有效的结果，如将挺水植物芦苇、茭白、喜旱莲子草等植于河流湖库的浅水区，沉水植物菹草、金鱼藻等组合种植在深水中，能将净化效率提高至少 10%，而且会提高单种水生植物的净水效果；种植水生植物时，要选择合理的植物覆盖度，一般取 50% 左右，最好不超过 80%。尤其对沉水植物，适合的覆盖率选择更加重要，否则会影响水体中的光照，抑制水生态系统中其他生物的生长繁殖；为不形成水体二

次污染，也不影响水生态系统的景观效应，要及时清除水体中的植物残体。

第八节 地下水水源保护

我国村镇地区的饮用水大多就近取自当地的自然水体（地表水或地下水），其中70%以地下水为主要饮用水源，但这些水源大多缺乏相应的保护措施，而且小城镇的污水排放量不断增加，60%以上的县城关镇、80%以上的小城镇、90%以上的村庄没有有效的处理设施，往往随意地排入周围的水系之中，造成地下水源的严重污染，水源水质的保护难度将进一步加大。近年来，频繁发生的有毒有害污染物泄漏事故，以及农村大量使用农药、化肥所造成的面源污染，使得地下水污染进一步加剧，饮用水的安全性受到巨大威胁。因此，加强地下水水质保护，防止地下水污染，改善生态与环境，实现地下水资源的可持续利用就具有重要的现实意义。

一、我国地下水的污染状况

近20年来，由于城市生活垃圾和工业"三废"等的不合理处置，农业生产中农药、化肥的大量使用，导致全国地下水污染状况日趋加重，严重危及国家饮水安全。但由于地下水所表现出的隐蔽性和系统复杂性，长期以来对其污染问题缺乏应有关注。

（一）地下水污染范围日益扩大

通过多年地下水监测评价，其结果显示：全国2/3城市地下水水质质量普遍下降，局部地段水质恶化，300多个城市由于地下水污染造成供水紧张状况。地下水污染组分主要有三氮、酚、氰、重金属、总硬度及有机污染指标COD等。地下水污染不仅检出组分越来越多、越来越复杂，而且污染程度和深度也在不断增加，有些地区深层水中已有污染物检出。在一些重要农业开发地区，浅层地下水已出现面状污染态势。某河流域埋深小于20m

的浅层地下水水质污染较严重，重度污染区面积占27.3%，中度污染区面积占54.4%，轻度污染区面积占18.3%。总体上地下水污染呈现出由点污染、条带状污染向面上扩散，由浅层向深层渗透，从城市向周围蔓延的发展趋势，而且污染组分不断增多，污染物浓度不断增高，污染造成的危害不断加重。

（二）"三致"有毒有害污染物普遍被检出

国外已有的研究表明，许多有机物具有致癌、致畸、致突变的"三致作用"，对人类身体健康有着严重的影响。我国通过对于部分地区地质大调查发现，在地下水有机污染试点中普遍检出"三致"有机污染物。例如，在某市近郊区开展的地下水有机污染调查中，检测有机组分43项，实际检出36项，分别为单环芳烃12项、卤代烃7项、多环芳烃16项和有机农药8项。在某地区的120眼浅层地下水水井中，卤代烃、单环芳烃和农药等有机污染组分均有不同程度检出，部分样品苯含量超出饮用水标准3倍。

（三）天然水质不良与水型地方病问题突出

地下水污染引起的水中有害、有毒元素不断增多，地下水质下降甚至恶化，给我国饮用水水质安全带来严重威胁。据统计，截止1999年，全国2297.8万人，碘缺乏病克山病567.5万人，患大骨节病102.5万人等。同时，地下水污染造成可利用的水资源数量大幅度减少，缺水地区日益增多，使我国水资源短缺的形势更加严峻，供需矛盾更加突出。

二、地下水污染的形式及特点

（一）地下水污染的主要形式

地下水污染形式是多样的，主要有3种：即点源污染、线源污染和面源污染。点源污染是由于工业或生活集中污废水排泄口和固体垃圾堆放点形成的污染源对地下水造成的污染；线源污染是由污废水排泄沟渠构成的污染源对地下水的污染；面源污染则主要是指农业施肥、污废水灌溉等对地下水的面状污染。

(二) 地下水污染的特点

无论是哪种污染形式,一般均具有以下特点或条件:① 有污染源存在,不管污染源在地上还是地下。② 污染物以流体(主要是水)为介质发生迁移,污染源处流体(水)中具有较高的污染物浓度,污染物以浓度扩散(分子扩散)和随着流体(水)的流动而运动(机械弥散)的方式发生迁移。③ 污染源与被污染的地下水体之间具有水头差,污染源水头较高,含污染物的流体(水)对地下水有补给作用;当地下水水位高于污染源水位时,污染物仅以分子扩散的形式对地下水造成污染,而且必须克服由于地下水运动所带来的反作用。因此,多数情况下,地下水是不受下游污染源的污染的,即便有污染,其范围也较小。④ 随着与污染源距离的增加,地下水中污染物浓度逐渐降低,而且这种特点在各个方向上都存在,当污染源为线源时往往沿着线源形成条带状的地下水污染带;与上述第 3 个特点一样,在地下水运动方向的反方向一侧,地下水几乎不受污染源的影响。⑤ 由于岩层(包括土体)对一些污染物具有吸附作用且有的吸附作用较强,所以地下水中部分污染物如磷可在短距离内消除,即离污染源较远的地下水中并不包含所有污染源中的污染物。⑥ 部分污染物可通过化学或生物作用在其迁移过程中发生转化。

三、地下水污染的危害

(一) 含氟砷水的危害

在我国部分地区,饮用高氟水所带来的氟中毒是一种常见的地方病,氟中毒症主要表现为氟斑牙和氟骨症。长期饮用含氟量大于 1.0mg/L 的饮用水时,可出现氟斑牙症状,随饮用水中氟离子浓度的增大,氟斑牙发生率升高。当饮用水中氟大于 4.0mg/L 时,氟骨症逐渐增多。饮用含氟量为 5~6mg/L 的地下水 10 年后会导致普遍氟斑牙,超过 40 年则普遍发生氟骨症。我国生活饮用水卫生标准规定氟化物不超过 1.0mg/L。

(二) 含硝酸盐水的危害

硝酸盐污染主要来源于农田灌溉水、动物排泄物、城市污水、工业废水的大量排放及大气中的氮氧化物污染，在持续污染的情况下，硝酸盐可在地下水中积累几十年。NO_3^-在人体中经还原可转化为NO_2^-，NO_2^-能引起婴幼儿的高铁血红蛋白症及先天性心脏功能缺陷综合症，同时它也是强致癌物质亚硝基胺和亚硝基酰胺的前驱体。同时，长期饮用NO_3^-污染的水对胃癌、膀胱癌、脑瘤和非何杰金氏淋巴瘤在内的各种类型癌症密切相关。

四、地下水水源保护的措施

(一) 建立地下水资源水质监测网络

目前，我国建立有全国性的地下水监测机构，主要由各省地质环境监测总站承担，且主要监测点主要分布在城市，对以地下水为主要饮水水源的广大农村地区则少有布设。特别是近年开展的红层丘陵地区地下水打井找水工程，虽然解决了几十万缺水农户的饮水问题，但对这些井缺乏后续的水质与水量的动态监测与保护，给农户的饮水安全留下了隐患。因此，相关部门应加大地下水资源监测工作的投入力度，合理、全面建立地下水监测网络，尤其是农村地区的地下水监测网络。

(二) 划分地下水保护区

岩层具有抗污染性，即对污染物具有去除作用；岩层的这种对污染物的去除作用决定于岩层的透水能力；地下水得益于岩层的抗污染性而获得不同程度的保护，换句话说，污染水体可在透水岩层运动过程中得到净化；与地表水比较，地下水不易受污染水体污染；显然地下水遭受污染的程度除了与污染水体的污染物浓度有关外，还决定于污染水体对地下水的补给量的大小；因此，可根据水文地质条件进行地下水保护区的划分。

(三) 加强地下水保护教育，提高公众保护地下水意识

在人为影响下，地下水的物理、化学或生物特性发生不利于人类生活或生产的变化，称为地下水污染。地下水污染达到一定

程度，便不合乎供水水源的要求。受自然地质条件的限制，一个地区或者区域的地下水赋存状况是不能改变的，即地下水的水环境一旦遭受污染（破坏），地下水作为资源的属性将发生改变，进而其被利用的价值就会降低或者丧失，这对经济进一步发展和社会的进步是十分不利的，与可持续发展也是背道而驰的。据统计目前全国2/3的城市及周边农村地下水水质下降，数以千计的供水井报废，大多数地下水已不同程度地受到硝酸盐、酚、氰、有机磷等的污染。之所以出现这种情况，原因之一就是公众保护地下水的意识还不强。因此，加强对公众的保护地下水教育，提高全民保护地下水的意识是解决地下水污染问题的重要环节。

五、地下水保护区划分的步骤

（一）确定待保护对象

确定待保护的地下水含水层的产状及所处的地质构造部位、地下水的补给排泄条件、地下水的水位水质动态等。任何一个地区都不会将所有地下水都作为开发利用的对象，尤其对于富水程度较差、没有开采价值的个别含水层地下水，人们往往是不作为开发利用对象的。尽管从环境保护的角度应该对所有地下水进行保护，但是客观上是很难实现的，特别是我国目前的状况下。所以要开展水文地质工作来确定具有开采价值和供水意义的地下水含水层。

（二）确定污染源情况

掌握污染水体的来源、水量、水位、水质现状及动态，通过污染源调查评价方式，对于城乡经济建设和工农业生产可能产生的污染源类型、规模、污染物成分、浓度以及动态变化等做到定性描述和定量分析。

（三）掌握污染水体与待保护地下水的水力联系

即弄清污染水体对地下水污染的方式、强度，确定其间不同岩层的岩性、分布现状、厚度及透水性等。

(四) 圈定阻隔系数及污染指数平面和剖面等值线

根据上述资料，在计算分层阻隔系数的基础上，计算待保护地下水与污染水体之间总的岩层阻隔系数和地下水的污染指数，并根据所获得数据在平面及剖面上的分布，圈定阻隔系数及污染指数平面和剖面等值线。

(五) 评价区域的地下水保护分级

根据以上各种等值线图件，参照污染水体来源、污染物种类、待保护地下水用途等，进行评价区域的地下水保护分级。可以目前可视评价区的社会发展及经济水平实行Ⅲ~Ⅴ级分类。待工作开展到一定程度，有了经验，再制定出规范。

(六) 确定各保护区内的允许污废水排放量

如在阻隔系数小、地下水污染指数较大的地区或区域，应该坚决避免建设化工类企业，已经建设的则应搬迁。在排污纳污河道的阻隔系数小、待保护地下水污染指数较大的区域，应进行防渗处理，严防污染水体对地下水的污染侵害；而在待保护地下水污染指数相对较小的区域，可允许建设居住小区或一般性企事业单位，或者允许其在一定的时间内存在等。

第九节 地下水污染治理技术

一、砷、氟超标水净化技术

砷、氟超标饮用水的处理技术主要包括膜技术、氧化法、离子交换法、生物法等。

(一) 膜处理技术

膜处理技术包括反渗透和纳滤技术，由于膜处理技术费用远高于其他的处理方法，一般在城市集中式供水中使用。

(二) 氧化法

氧化法主要应用于去除三价砷。由于在 pH<9.5 的大多数水体中，三价砷处于非离子状态，表现出电中性。因此，那些对

五价砷的脱除非常有效的方法，如絮凝、沉淀、吸附等对三价砷的去除效果较差。去除地下水中三价砷是使饮用水达到安全标准的一个重要环节，鉴于没有一种简单的方法可以直接去除三价砷，因此氧化便成为去除三价砷时不可缺少的步骤。一般来说，氧化法与其他方法联合使用，使得三价砷氧化成五价砷，既可降低毒性，又可提高去除效果。

（三）离子交换法

离子交换法可有效地脱除水中砷、氟等污染物，但是溶液中的其他离子会与砷、氟竞争，从而影响离子交换的效果。另外，悬浮的土壤和含铁沉淀物会堵塞离子交换床，当处理液中此类物质的含量较高的时候，需要对其进行预处理，并且处理费用较高。因此，在实际应用中，离子交换法在很大程度上受到制约。

（四）生物法

生物法主要针对砷而言，砷不但能被生物体富集浓缩，而且也会被这些生物体氧化和甲基化。由于甲基化的砷的毒性比无机砷低得多，因此，水体的微生物对砷富集的过程也是一个对砷降解脱毒的过程。利用这一特性可以采用生化法对高浓度含砷废水进行处理。生物法具有环保，低能耗，无二次污染的特点，非常适用于农村地区的地下水污染治理。因此，已经成为目前研究的热点。

二、硝酸盐污染地下水处理技术

硝酸盐的处理主要有物化法、生物反硝化和化学反硝化等方法。

（一）物化法

利用物理化学修复技术去除地下水中的硝酸盐的方法主要有蒸馏、电渗析、反渗透、离子交换法等。这些方法中除离子交换法外都不能用于大规模地下水处理，而且处理费用过高，适合经济较发达的中小城市使用，不适用经济条件较差的农村地区。另外，物理化学修复技术只是将硝酸盐集中于介质或废液中，起到了废物转移或浓缩的作用,并没有彻底的将硝酸盐氮去除,再生高浓度废液同样需要处理,所以此法在应用上受到一定的限制。

(二) 生物脱氮

生物脱氮是研究得较多的硝酸盐脱氮方式之一,原位生物脱氮技术由于不用抽取和运输地下水,基建费和运行费用较低。但其主要的缺点在于,如果向水中投加的营养物质不适量,就会造成二次污染。而且投加的营养物质很难均匀分布于地下蓄水层中。利用生物墙修复,随着生物膜的不断生长,很容易造成含水层堵塞。因此,原位生物脱氮技术在实际运用中并不多见。加入一定量的有机碳源对反硝化细菌提高脱氮效率起着重要作用,不同的有机碳源其效果有一定的差别。微生物脱氮作用在地下水含水层中的效果、时间等除与加入的菌液、营养碳源相关外,还与含水层的水文地质条件如地下水的流速等有关。异养生物脱氮技术是以有机物(甲醇、乙醇、醋酸等)为反硝化基质,这类方法比自养反硝化技术反硝化速度快,单位体积反应器的处理量大。但是如果投加的有机基质不足,则易导致水中亚硝酸盐氮的积累,若投加的基质过量,则残留的有机基质带来二次污染。而且外部投加有机基质,大大地增加了处理的费用。

(三) 化学脱氮

化学脱氮主要包括金属还原和催化脱氮。化学反硝化法工艺简单,脱氮速度比生物脱氮法高,且运行管理的要求低。硝酸盐金属还原法的主要缺点在于反应的产物可形成 NH_4^+,且存在金属离子、金属氧化物和水合金属氧化物等的二次污染。化学催化反硝化反应器的构造简单,化学反应的效率比较高,操作费用低;处理以后的地下水质量稳定而且安全;选择性的去除硝酸,因而保持了原水的主要成分,目前催化反硝化主要使用粉末催化剂。

第八章 农村饮用水处理方法

在我国，随着经济建设的快速发展，水污染呈发展趋势，工业发达地区水域污染尤为严重水，资源短缺问题也日益突出，城市缺水现象越来越严重。农村地区的饮用水问题更为严重。农村地区饮用水的水源呈现分散、多样性和不稳定的特点，水源得不到有效保护，使生活在农村地区的人群的生命健康受到严重影响。因此，针对农村生活供水现状，介绍实用的农村饮用水处理方法，使农村居民掌握基本的饮用水处理方法就显得极为重要。

第一节 农村生活供水现状

一、水源受到污染，水质较差

我国农村生活供水水源北方地区多以地下水、南方部分地区则以江河湖泊水为主。中国环境公报 1999～2004 年的统计数据表明，我国地表水和地下水的污染情况不容乐观，七大水系除长江和珠江外，其他水系中不适宜作生活饮用水源的Ⅳ类、Ⅴ类和劣Ⅴ类水占到 50% 以上，有的甚至达到 90% 以上，污染物主要为耗氧量、氨氮和石油类等；全国多数城市地下水受到一定程度的点状或面状污染，部分水质指标超标，主要有矿化度、总硬度、硝酸盐、亚硝酸盐、氨氮、铁、锰、氯化物、硫酸盐、氟化物等。由于受到污染，目前全国很多农村地区饮用水源水质不合格。

二、集中供水率低下，处理设施简陋

目前，我国农村地区集中供水率低下，许多地区还是一家一

井或是多家一井。全国农村自来水普及率仅为34%，其中还有相当多的村镇只是建立了供水管网，没有水处理设施。而有水处理工艺的水厂也多以中小规模为主，很多都是单村水厂，处理工艺比较简单，只是采用了沉淀、过滤、消毒等常规处理。甚至必须进行的消毒处理在农村水厂也很少采用，如某大城市的村镇水厂采取消毒措施的比率不到10%。事实上，目前大部分农村生活用水基本上没有采取净化措施就直接使用。据不完全统计，我国农村约有3.2亿人饮水不安全，其中1.9亿人的饮用水中有害物质含量超标，如高氟、高砷、苦咸等。

第二节 农村饮用水安全标准

一、什么是饮水安全

饮水安全指的是既要有水喝，饮用水又是安全卫生的。《农村饮水安全卫生评价指标体系》将农村饮用水分为安全和基本安全两个档次。在水质方面，符合国家《生活饮用水卫生规范》要求的为安全，符合《农村生活饮用水卫生标准准则》要求的为基本安全；水量以每人每天可获得的水量不低于20~40L为基本安全，以不低于40~60L为安全；用水方便程度以人力取水往返时间为限，10min以内为安全，20min以内为基本安全；供水保证率以不低于95%为安全，以不低于90%为基本安全。

二、我国农村饮水安全状况

（一）农村供水总体水平不高

目前，我国农村安全饮水发展水平与中等发达国家相比存在明显差距。据有关资料介绍，世界上中等发达国家农村安全饮水普及率为70%以上，发达国家在90%以上。而我国农村的安全饮水普及率水平大致为东部70%，中部40%，西部不到40%。虽然2000~2005年，国家实施农村饮水解困工程，共投入资金

200多亿元，解决了6000多万人的饮水困难，但是由于我国人口众多、水资源短缺、经济和社会发展不平衡，农村供水总体水平不高，饮水安全形势仍然十分严峻。

（二）农村饮水不安全比例较高

根据有关调查结果显示，到2004年年底，农村饮水不安全总人口为3.23亿人，占农村人口的34%。其中各类水质不安全的有2.27亿人，水量不足、取水不方便及供水保证率低的近9600万人。2.27亿水质不安全人口中，饮用水氟砷含量超标的有5370万人，饮用苦咸水的有3850万人，地表或地下饮用水源被严重污染的9080万人，饮用水中铁锰等超标的有4410万人。

山西省对农村饮水安全的调查显示，全省现有农业人口近2400万人，饮水安全和基本安全人口为1200多万人，饮水不安全人口为1000多万人。其中，饮用氟砷超标和苦咸水人口500多万，饮用其他问题水质人口200多万，水量、用水方便程度及水源保证率不达标人口近400万。高氟水主要集中在大同、忻州、定襄、太原盆地、临汾、运城及沿黄河的各县、村；高砷水主要分布在朔州、孝义、汾阳、平遥等地。在定襄，长期饮用地下水的居民原本白白的牙齿变成了黄色，而运城永济地区的一些村民牙齿表面呈沙石状往下脱落。这都是由于长期饮用含氟量较高的水所导致。

海南省农村饮水不安全人口达158.85万，占农村人口总数的30.5%。其中，水质不达标的88.76万人，水量、用水方便程度及水源保证率不达标的70万人。大部分农村饮用水源是未经处理的地表水或浅层水。部分地区饮用水不是氟超标，就是砷超标，还有一些饮用苦咸水。同时，供水保证率低，全省乡村自来水普及率仅为24.2%。

三、农村饮用水安全标准

为使农村饮水安全得到保障，农村供水的水质必须按要求基本符合国家《生活饮用水卫生规范》（2001）的规定。其中，水质标准包括感官性状和一般化学性状、毒理学及细菌学 3 类指标。

(一) 水的感官性状和一般化学指标

其中水的感官性状指标包括色、浑浊度、臭和味、肉眼可见物等各项指标，要求水质从感观性状上对人体无不良影响；水的一般化学指标包括 pH 值、总硬度、铝、铁、锰、铜、锌、挥发酚类、阴离子合成洗涤剂、硫酸盐、氯化物、耗氧量等各项指标。超过一定限量时，水会发红发黑，产生异味、异臭，水烧开时产生沉淀，不适宜作为生活用水。在农村最常遇到的是地下水含铁、含锰和硬度过高，这时需采取除铁、除锰措施。而降低水的硬度则比较困难，在农村中无法实现，遇到此情况只有另择水源。

(二) 水的毒理学指标

水的毒理学指标包括氟化物、氰化物、砷、铅、汞、铬（6价）、硝酸盐、硒、四氯化碳等有害物质，超过卫生标准时将对人体产生危害。所以，含氟量过高的水，不宜作生活饮用水。

(三) 水的细菌学指标

细菌学指标包括细菌总数、总大肠菌群、粪大肠菌群和游离余氯。通过消毒措施，使水质达到流行病学上安全，为群众供应卫生的水，是建设农村饮水工程的另一主要目标。

第三节 饮用水质量的简单鉴别方法

正常的饮用水应该是：无色、无味、无嗅、无毒、无杂质、无放射性元素、无有害微生物、透明、电导率低、矿化度低和硬度低。为了提高对饮用水质量的判断能力，从以下六个方面介绍一些简易的定性的鉴别方法。

一、水的颜色

水的颜色与水中存在物质的关系见表 8-1。

水颜色与水中存在物质的关系　　　　　　表 8-1

水中存在的物质	硬水	硫化氢	硫细菌	低价铁	高价铁	锌	铜	锰化物	黏土	腐殖酸盐
水的颜色	浅蓝	翠绿	红色	浅绿灰色	黄褐锈色	蛋白光	浅蓝色	暗红	无荧光的淡黄	暗或黑黄灰色

二、水的透明度

水的透明度与水的可用程度见表 8-2。

水的透明度与水的可用程度　　　　　　表 8-2

分级	鉴别特征	说明
透明	无悬浮物及胶体，60mm 水深时，可见 3mm 的粗黑线	可用
微浊	有少量的悬浮物，30~60mm 水深时，可见 3mm 的粗黑线	处理后可用
混浊	有较多的悬浮物，半透明状，小于 30cm 水深可见 3mm 粗黑线	不宜用
极浊	有大量悬浮物或胶体，似乳状，即使水深很小时，也不能清楚地看到 3mm 粗线	不能用

三、水的气味

气味强弱与温度有关系，当 40℃ 时气味最显著，详见表 8-3。

水的气味与水中存在物质的关系　　　　　　表 8-3

水中所含物质	锌盐	硫化氢	亚铁离子	腐殖质
气味	收敛味	臭蛋味	铁腥味	沼泽味

四、水的味道

当水加热至 20~30℃时味道较为明显，见表 8-4。

水的味道与水中存在物质的关系　　　表 8-4

水中所含物质	氯化钠	硫酸钠、铁盐	氯化镁、硫酸镁	有机质	腐殖质	硫化氢与碳酸气同时有	二氧化碳、重碳酸钙、重碳酸镁
味道	咸	涩	苦	甜	沼泽味	酸	可口

五、引起味觉的盐类的近似浓度

不同盐类引起味觉的近似浓度见表 8-5。

不同盐类引起味觉的近似浓度　　　表 8-5

盐类名称	含盐量（mg/L）		
	刚感觉有味	明显有味	很浓的味
氯化钠	165	495	660
硫酸钠	150	450	—
氯化钙	470	550	
硫酸镁	250	625	750
硫酸亚铁	1.6	4.8	—

六、水的硬度

可用肥皂在水中洗涤、若泡沫不多说明水中有碳酸氢盐或苛性石灰，这水就是硬水。将滴定水的硬度的试剂混合制成固体片剂。配方如下：

NaCl　　　　　　　　　　　　　75.1%
硼酸　　　　　　　　　　　　　15.5%
无水 LiOH　　　　　　　　　　 5.43%

EDTA 二钠盐（分析纯）　　　　　3.72%
铬黑 T　　　　　　　　　　　　0.25%

每片 100mg。取水样 2.6mL，加一片剂，溶化。如水呈红色，为极硬水，不能使用；如水呈蓝色，可加水到 5mL，水转为红色，为硬水，也不能用；如仍为蓝色、再加水到 10mL 水若转为红色，为中等硬度水，不宜用；水若是蓝色不变，其为软水，可用。

第四节　农村饮用水的简单处理方法

一、单个家庭或个人饮用水处理

单个家庭用水的处理方法适用于没有物力和财力建设大型水处理系统的分散家庭。

（一）物理处理法

1. 澄淀法

把水盛在容器中用棒沿四周搅动，使中心形成较深的漩涡，然后再加明矾少许，用量一般为每担水 1~2.5g，可使杂质成为胶态迅速下沉。

2. 过滤法

自制一过滤器（可以是玻璃、塑料金属或陶瓷容器，也可以是水泥或砖砌容器），在容器下端开一孔用塑料管接于盛水容器中。过滤容器底层铺三层医用纱布（或二层棕皮），其上再铺一层较厚的活性炭（或木炭），因活性炭具有吸附作用，可适量铺多一点，最上面铺一层粗砂。下滤速度不宜太快。此外，还可以利用市面上出售的微孔过滤材料进行过滤，过滤后的水在饮用前最好进行煮沸或化学消毒。

3. 煮沸法

将水煮沸 2~5min，这一过程一方面可以释放水中的氯气和氧气，使钙、镁离子等杂质沉淀；另一方面可以杀死病原微生物并除去挥发性物质和气体。但煮沸后析出的沉淀杂质,不得混入使用。

4. 磁化法

让水通往磁水器,受磁场外力作用后,水中的钙、镁盐类不形成坚硬的水垢,化学成分不改变,而生成松散的水垢或泥渣。这种磁场处理过的水很适合于肾结石患者饮用。

5. 沸石交换法

当硬水通过沸石(即海绿砂)滤层时,水中的钙镁离子立刻与沸石骨架上的钠离子进行交换,于是水中的钙镁离子转换成了钠离子,硬水逐渐软化。每隔一段时间,可将用过的沸石在食盐水中还原再生。

(二)化学处理法

1. 高锰酸钾法

在水中加入适量 0.03% 的高锰酸钾溶液,可使氧化亚铁、硫化氢、亚硝酸盐等有害物质还原。高锰酸钾溶液滴入水中呈粉红色,如 15min 后不消失即可。

2. 软水剂法

用市场供应的软水剂也可使硬水软化。如买不到可在水中加入 10% 的六偏磷酸钠溶液,用量为每 1000mL 水加 5mL 该溶液(即比例为 200:1)。

3. 漂白法

在水中加入适量的漂白粉,使漂白粉中的次氯酸钙入水后分解出次氯酸,杀死水中的细菌。用漂白粉要定量,每升水中余氯不少于 0.1~0.2mm,不大于 0.5mm。

4. 石灰法

用石灰(即氢氧化钙)去除碳酸盐是人们常用的方法。由于存在有机胶体有碍澄清速度,需在原水中投加凝聚剂,如三氯化铁、铝矾或聚氯化铝等。最佳碳酸钙沉淀所需理论石灰用量可由下式计算:7.4×(原水总碱度+游离二氧化碳含量)g/t 水。如改用生石灰(氧化钙),上计算式系数可由 7.4 改为 5.6。

5. 苏打法

用苏打（即碳酸钠）去除钙盐、镁盐效果也不错，其用量可由下式计算：10.6×（原水总硬度－原水总碱度）g/t水。

二、集中式饮用水的净化处理

（一）沉淀法

沉淀法是将降水产生的地表径流蓄积在池塘、洼地、水窖等蓄水工程内，然后进行沉淀净化处理。水浑浊度大的，可以加入明矾进行澄清。一般说来，水质和沉淀池的深度成正比。由于细微悬浮物沉淀时间长，有条件的地方可修建两个沉淀池，轮流使用，以保证充分的沉淀时间而提高生活用水的质量。

沉淀水池通常建为圆形或矩形，体积大小视来水与用水情况而定。在蓄水土程与沉淀管连接处设置的拦污栅条对防止管道堵塞和提高水质有很大作用。在沉淀同时也可进行胶体物质的凝聚、除色除臭、除铁除锰、碱土盐类的沉淀等处理。

（二）人工过滤法

利用一定厚度的滤料来沉留、沉淀，吸除水中的悬浮物和细菌。在水流较大的河边可设砂滤池和过滤井，以细砂、碎石、席片等作为过滤料。水流不大的地方可设过滤缸，滤底铺0.1m碎石，放一层席片，铺粗砂厚0.2m、细砂0.33m、席片一层，再放0.07m碎石。滤层横截面可呈梯形矩形或半圆形，要进行防渗漏处理，其横截面积的大小根据需水多少而定，滤层高度一般为50cm左右。过滤水头差的大小与出水量的关系甚大，一般经验数据取值不小于2m。经处理后的水质较高，若视不同情况在滤料中适量地掺和石膏、明矾等。

（三）自然过滤法

自然过滤法是利用天然地层或竖井井壁的渗透过滤作用而达到净化水质的目的。但与深井提水不同，深井一般都在第一不透水层以下的淡水层、排斥第一水层的渗滤作用。根据蓄水工程不同，结合砂质土壤的情况，可分为池塘渗滤和竖井渗滤两种形式。

浅井集水是人们长期积累起来的宝贵经验，在我国广大农村普遍存在。井壁用砖头预先砌成筒状，砖头竖放侧置，水泥砂浆带缝。井口一般多为 50~60cm，高为 1.5m，一般只需 3~4 节，总高为 5m 左右。施工时，井壁分节整体沉放，接口用砂浆带缝。井壁外沿四周用粗砂回填。当然，由于水文地质情况的复杂性，慎重地选好井址（即井打在浅层淡水层）是保证良好水质的关键之所在。在有条件的地方，可先行简易的探测，以保证成井的水质。另外也有些地方预制无砂混凝土滤水管代替砖井，效果也不错，出水量较砖井为大。

问题索引

第一章　概述
1. 什么是用水管理? ……… 1
2. 用水管理的目的是什么? ………………… 1
3. 用水管理包括哪些内容? ………………… 1
4. 当前我国农村用水存在哪些问题? ……………… 6
5. 用水管理的相关法律、制度和组织体制有哪些? … 10

第二章　农村供水工程管理
1. 农村供水工程面临的主要问题有哪些? …………… 21
2. 农村给水特点是什么? ………………… 25
3. 农村给水应考虑哪些问题? ……………… 26
4. 农村用水要求是什么? ………………… 27
5. 农村给水用户有哪些? ………………… 27
6. 如何进行农村饮用水安全卫生评价? …………… 28
7. 什么是农村给水系统? ………………… 29
8. 农村给水系统由哪些部分组成? ………………… 29
9. 农村给水管道常用管材、水泵及调节构筑物如何选择? ………………… 35
10. 农村给水系统类型有哪些? ………………… 37
11. 农村饮水工程供水模式选择方法有哪些? ……… 38
12. 我国农村饮水工程的安全隐患是什么? 消除隐患的措施有哪些? ………… 41
13. 我国农村饮水工程管理中存在哪些问题? ……… 44
14. 农村饮水工程管理应注意哪些方面? …………… 49
15. 农村饮水可采用几种建管模式? ………………… 51

第三章　水的综合利用与节约
1. 地表水源的特征是什么? ………………… 53
2. 水源地选择原则是什么? ………………… 53
3. 非传统水源有哪些? 如何利用? ………………… 59
4. 地表水源开发利用模式有哪些? ………………… 68
5. 地下水源开发利用模式有哪些? ………………… 73

6. 其他水源开发利用方式有哪些? …………… 76
7. 生活节水技术有哪些? …………… 79
8. 工业节约用水的技术途径有哪些? …………… 80
9. 农业节水主要包括哪几部分? …………… 85

第四章 农村排水工程与管理
1. 农村排水的特点是什么? …………… 90
2. 农村水污染控制有哪几个关键问题? …………… 91
3. 农村排水体制有哪些? … 93
4. 农村雨污排水形式有哪些? …………… 95
5. 农村排水受纳体包括哪些? …………… 99
6. 常用排水管渠的类型及优缺点是什么? …………… 100
7. 污水排放设施施工方法有哪些? …………… 105
8. 如何进行排水管渠系统的养护与管理? …………… 110
9. 排水管渠的清通方法有哪些? …………… 110
10. 排水管渠的养护应注意什么? …………… 111

第五章 农村水环境与水污染
1. 什么是水环境? 水环境的类型有哪些? …………… 112
2. 水环境与水体的区别是什么? …………… 112

3. 什么是水环境承载力? …………… 113
4. 什么是水体的自净? 水体的自净过程包括哪些? …………… 113
5. 什么是水污染? …………… 115
6. 水体中的主要污染物有哪些? …………… 116
7. 水污染对人体的危害有哪些? …………… 124
8. 水污染对水生生物的危害有哪些? …………… 124
9. 水污染对工农业生产的影响有哪些? …………… 125
10. 什么是水体的富营养化? 其危害是什么? …… 125
11. 水体富营养化产生的原因是什么? 防治措施有哪些? …………… 126
12. 水的重金属污染包括哪些? …………… 128
13. 什么是农村水环境? …………… 133
14. 农村水污染防治对策有哪些? …………… 136

第六章 农村生活污水处理方法
1. 什么是污水? ………… 139
2. 什么是生活污水? …… 139
3. 什么是工业废水? …… 140
4. 什么是污水处理? …… 140
5. 污水处理的常用方法有哪些? …………… 140
6. 污水中的主要污染物有

7. 什么是悬浮固体（SS）？ …… 143
8. 什么是水的硬度？ …… 144
9. 什么是水的碱度？ …… 144
10. 什么是水的酸度？ … 145
11. 什么是生化需氧量（BOD）？ …… 146
12. 什么是凯氏氮？ …… 146
13. 什么是大肠菌群？ … 147
14. 什么是细菌总数？ … 147
15. 农村生活污水的特点是什么？ …… 147
16. 农村生活污水处理方法有哪些？ …… 148
17. 什么是好氧生物处理？什么是厌氧生物处理？ …… 148
19. 什么是生态厕所？ … 150
20. 土地处理方法有哪几种？ …… 151
21. 什么是快速渗滤法？什么是慢速渗滤法？ …… 151
22. 什么是地表漫流处理方法？ …… 153
23. 什么是湿地？自然湿地是否可以用来处理污水？ …… 154
24. 什么是人工湿地？人工湿地处理污水的优点是什么？ …… 155

第七章 农村水环境保护与污染治理

1. 地表水体的主要特征是什么？ …… 159
2. 地表水污染为什么会引起地下饮用水污染？ …… 159
3. 地表水环境质量标准是什么？ …… 160
4. 地下水质量的类型及适用范围有哪些？ …… 165
5. 地下水质量标准是什么？ …… 166
6. 什么是截流式截污合流系统？什么是分流式截污排水系统？ …… 169
7. 目前研究比较成熟的洼陷截污系统有哪些？ …… 173
8. 什么是物理净化法？物理净化法的优缺点是什么？ …… 175
9. 什么是引水稀释？ …… 175
10. 清淤的主要方法有哪些？ …… 178
11. 淤泥的资源化利用技术指的是什么？ …… 179
12. 地表水污染的生物净化方法有哪些？ …… 181
13. 什么是水生植物植栽净化法？ …… 189
14. 什么是大型水生植物？ …… 192
15. 水生植物的净污机理是什么？ …… 193
16. 地下水污染的形式及特点是什么？ …… 200
17. 地下水水源保护的措施有哪些？ …… 202

18. 地下水污染有哪些治理技术？ ……………… 204

第八章　农村饮用水处理方法

1. 什么是饮水安全？ …… 208
2. 农村饮用水安全标准是什么？ ……………… 209
3. 如何鉴别饮用水质量？ … 210
4. 单个家庭或个人饮用水处理方法有哪些？ ………… 213
5. 集中式饮用水的净化处理包括哪些？ ……………… 215

参 考 文 献

[1] 陈斌斌. 农村饮水安全的防护和水质净化 [J], 吉林水利. 2006, 8: 7-9.

[2] 崔招女, 刘学功等. 农村饮用水净化模式的选择 [J]. 中国水利, 2005, 19: 26-28.

[3] 郝桂玲, 李文奇. 我国农村饮用水净化技术进展 [J]. 中国水利, 2007, 10: 113-115.

[4] 李宗明. 农村饮用水安全问题 [J]. 中国发展观察, 2005, 10: 19-21.

[5] 谭国栋, 陈俏梅等. 饮用水水质处理技术在农村饮水安全工程中的应用研究 [J]. 南水北调与水利科技, 2007, 5 (2): 40-43.

[6] 付婉霞, 聂正武. 农村生活供水面临的新问题 [J]. 节能环保, 2006, 5: 13-16.

[7] 张统, 王守一等. 我国农村供水排水现状分析 [J]. 中国给水排水, 2007, 23 (6): 9-11.

[8] 刘玲花, 周怀东等. 农村安全供水技术手册 [M]. 北京: 化学工业出版社, 2005, 9.

[9] 林洪孝. 用水管理理论与实践. 北京: 中国水利水电出版社, 2003.

[10] 史晓新. 现代水资源保护规划. 北京: 化学工业出版社, 2005.

[11] 曲格平. 环境科学词典. 上海: 上海辞书出版社, 1994.

[12]《21世纪初期山东省农村水利发展战略研究》编写委员会. 21世纪初期山东省农村水利发展战略研究. 济南: 山东省地图出版社, 2006.

[13] 中国科学院地学部. 华北地区水资源合理开发利用——中国科学院地学部研讨会文集. 北京: 水利电力出版社, 1990.

[14] 刘鸿亮, 韩国刚, 严济民等. 中国水环境预测与对策概论. 北京: 中国环境科学出版社, 1988.

[15] 林玉锁, 龚瑞忠, 朱忠林. 农药与生态环境保护. 北京: 化学工

业出版社，2000.

[16] 刘昌明，何希武. 中国 21 世纪水问题方略. 北京：科学出版社，1998.

[17] 杨诚芳. 地表水资源与水文分析. 北京：水利电力出版社，1992.

[18] 施成熙，粟宗嵩. 农业水文学. 北京：农业出版社，1984.

[19] 张淑英，郭同章，牛王国. 河流取水工程. 郑州：河南科学技术出版社，1994.

[20] 严熙世，范瑾初. 给水工程第四版. 北京：中国建筑工业出版社，1999.

[21] 王大纯，张人权，史毅虹等. 水文地质学基础. 北京：地质出版社，1986.

[22] 高伟生，肖德极，宇振东. 环境地学. 北京：中国科学技术出版社，1992.

[23] 刘兆昌，张兰生，聂永丰等. 地下水系统的污染与控制. 北京：中国环境科学出版社，1991.

[24] 夏青，贺珍. 水环境综合整治规划. 北京：海洋出版社，1989.

[25] 水利部水政水资源司. 水资源保护管理基础. 北京：中国水利水电出版社，1996.

[26] 曲格平，尚忆初. 世界环境问题的发展. 北京：中国环境科学出版社，1987.

[27] 唐德善. 水资源系统规划及经济利用研究. 河海大学博士学位论文，1997，10.

[28] 中国环境年鉴编辑委员会编. 1998 中国环境年鉴. 北京：中国环境年鉴社，1999.

[29] 胥斌，徐学东. PPP 参与农村饮水安全工程运营管理的研究[J]. 建筑经济，2008，305（3）：57-59.

[30] 刘鸿志，陈永清. 我国重点湖泊的水环境管理现状. 环境保护，1998，12：24-26.

[31] 林玉锁. 农药与生态环境保护. 北京：化学工业出版社，2000.

[32] 李贵宝. 污水资源化及其农业利用（污灌）的对策. 中国农村水利水电，2001，11：31-34.

[33] 董克虞. 畜禽粪便对环境的污染及资源化途径。农业环境保护，

1998, 17 (6): 43-45.

[34] 黄长盾, 欧阳湘等. 村镇给水实用技术手册 [M]. 中国建筑工业出版社, 1992, 12.

[35] 张隆久, 何文杰等. 农村给排水 [M]. 天津科学技术出版社, 1989, 9.

[36] 张启海, 原玉英等. 城市与村镇工程 [M]. 中国水利水电出版社, 2005, 6.

[37] 傅坚强. 农村供水的现状及发展方向的探索 [J]. 2005, 6.

[38] 陈玉姜. 农村供水工程建设管理改革的几点看法. 2006.

[39] 水利部农村水利司. 全国乡镇供水"十五"计划及2010年发展规划.

[40] 刘成果. 我国农村水污染成因及防治对策 [J]. 环境保护, 2007, 381 (10): 36-38.

[41] 王文蓉. 污水处理问答 [M]. 北京: 国防工业出版社, 2007.

[42] 解玉琪. 农村废水污水排放系统生态建设探讨 [J]. 安徽建筑, 2006, 5: 153-154.

[43] 苏东辉, 郑正等. 农村生活污水处理技术探讨 [J]. 环境科学与技术, 2005, 28 (1): 110-113.

[44] 梁祝, 倪晋仁. 农村生活污水处理技术与政策选择 [J]. 中国地质大学学报 (社会科学版), 2007, 7 (3): 18-22.

[45] 詹旭, 吉祝美. 五级跌水充氧生物接触氧化法处理农村污水 [J]. 净水技术, 2007, 26 (3): 60-62。

[46] 沈东升, 贺永华等. 农村生活污水地埋式无动力厌氧处理技术研究 [J]. 农业工程学报, 2005, 21 (7): 111-115.

[47] 成先雄, 严群. 农村生活污水土地处理技术 [J]. 四川环境, 2005, 24 (2): 39-43.

[48] 《地表水环境质量标准》(GB 3838—2002).

[49] 《地下水质量标准》(GB/T 14848—93).

[50] 高廷耀, 顾国维. 水污染控制工程 [M]. 北京: 高等教育出版社, 1999.

[51] 戴慎志. 城市工程系统规划 [M]. 北京: 中国建筑出版社, 1999.

[52] 王玉秋, 钱茜. 浅议湿地的作用及保护 [J]. 广州环境科学,

2002, 12 (4): 37 -39.

[53] 李军, 应舒. 温瑞塘河市区河道引水冲污工程的水利调度研究. 温州大学学报, 2002, 2: 88 -91.

[54] 田伟君, 翟金波. 生物膜技术在污染河道治理中的应用 [J]. 环境保护, 2003, 8: 19 -21.

[55] 田伟君, 翟金波等. 城市缓流水体的生物强化净化技术 [J]. 环境污染治理技术与设备, 2003, 4 (9): 58 -62.

[56] 田伟君, 郝芳华等. 弹性填料净化受污染入湖河流的现场试验研究 [J]. 环境科学, 2008, 29 (5): 1308 -1312.

[57] 田伟君, 郝芳华等. 仿生填料在河道内直接布设挂膜的试验研究 [J]. 中国给水排水, 2007, 23 (3): 81 -83.

[58] 吴振斌, 邱东茹等. 水生植物对富营养水体水质净化作用研究 [J]. 武汉植物学研究, 2001, 19 (4): 299 -303.

[59] Weijun Tian, Fanghua Hao et al.. Modeling ammonia - nitrogen degradation in polluted streams with biofilm technique. Journal of Water Environment Technology, 2007, 5 (1): 19 -27.